智 慧 製 造

U0070468

特種機器人技術

郭彤穎，張輝，朱林倉 等著

前言

　　自 1950 年代末第一臺工業機器人誕生以來，機器人不僅廣泛應用於工業生產和製造業領域，而且在航空航太、海洋探測、建築領域、危險或惡劣環境，以及日常生活和教育娛樂等非製造業領域中得到了大量應用。　特種機器人是除工業機器人之外的、用於非製造業並服務於人類的各種機器人的總稱。

　　特種機器人的研究涉及機器視覺、模式識別、人工智慧、智慧控制、感測器技術、電腦技術、機械電子和仿生學等諸多學科的理論和技術，是一門高度交叉的前端學科。　為了順應機器人從傳統的工業機器人逐步走向千家萬戶的發展趨勢，展示特種機器人的廣闊應用領域，本書綜合應用多個相關學科的知識，系統地講解了特種機器人的基礎知識、算法研究和應用實例，反映了特種機器人學的基礎知識以及與其相關的先進理論和技術。　算法研究部分主要是針對目前應用最為廣泛的移動機器人開展的研究，應用實例部分介紹了目前比較前端的廢墟搜救機器人和文本問答機器人的系統組成和關鍵技術，大量篇幅介紹作者的研究成果。　希望讀者通過閱讀和學習這本書，能夠感受到從事特種機器人相關研究的樂趣。

　　本書共分 7 章，第 1 章主要講解機器人的基礎知識，包括機器人的定義與分類、發展歷程及趨勢，特種機器人的發展現狀和核心技術及主要應用領域；第 2 章主要介紹特種機器人的驅動系統、傳動機構、手臂和移動機構；第 3 章講解特種機器人的常用感測器，以及最近幾年發展起來的智慧感測器和無線感測網路技術；第 4 章在分析移動機器人視覺系統特點基礎上，開展了攝影機標定方法研究、路標的設計與識別、基於路標的視覺定位研究和算法實現；第 5 章在介紹常用的移動機器人路徑規劃方法基礎上，開展了基於算法融合的移動機器人路徑規劃研究；第 6 章講述廢墟搜救機器人的控制系統和如何實現移動機器人的自主運動；第 7 章闡明文本問答機器人的體系結構和關鍵技術，並詳細闡述了基於互聯網的文本問答機器人的典型應用。　本書以 QR Code 形式給出了特種機器人有關術語的中英文對照。

本書第 1 章、第 2 章由郭彤穎、王海忱撰寫，第 3 章由郭彤穎、張輝撰寫，第 4 章由張令濤、關麗榮、張輝撰寫，第 5 章由郭彤穎、劉雍、劉偉、趙昆、李寧寧撰寫，第 6 章由朱林倉、郭彤穎、劉冬莉撰寫，第 7 章由朱林倉、郭彤穎撰寫，有關術語中英文對照由郭彤穎、王德廣撰寫。 全書由郭彤穎統稿。

　　由於機器人技術一直處於不斷發展之中，鑑於作者水平有限，難以全面、完整地對當前的研究前端和熱點問題一一進行探討。 書中存在不妥之處，敬請讀者給予批評指正。

著　者

目錄

206 # 第 7 章　文本問答機器人

228 # 參考文獻

第1章

緒論

1.1 機器人的定義與分類

1.1.1 機器人的定義

機器人技術作為 20 世紀人類最偉大的發明之一，在製造業和非製造業領域都發揮了重要作用。隨著機器人技術的飛速發展和資訊時代的到來，新型機器人不斷涌現，機器人所涵蓋的內容越來越豐富，機器人的定義也在不斷充實和創新。

「機器人」一詞最早出現在 1920 年捷克斯洛伐克作家卡雷爾・凱佩克（Karel Capek）所編寫的科幻劇本《羅薩姆的萬能機器人》（Rossum's Universal Robots）。在劇本中，凱佩克把捷克語「Robota」寫成了「Robot」，「Robota」是「強制勞動」的意思。該劇預告了機器人的發展對人類社會的悲劇性影響，引起了大家的廣泛關注，被當成了機器人一詞的起源。凱佩克提出的是機器人的安全、感知和自我繁殖問題。科學技術的進步很可能引發人類不希望出現的問題。雖然科幻世界只是一種想象，但人類社會將可能面臨這種現實。

為了防止機器人傷害人類，1950 年科幻作家阿西莫夫（Isaac Asimov）在《我，機器人》一書中提出了「機器人三原則」：

① 機器人必須不傷害人類，也不允許它見人類將受到傷害而袖手旁觀；

② 機器人必須服從人類的命令，除非人類的命令與第一條相違背；

③ 機器人必須保護自身不受傷害，除非這與上述兩條相違背。

這三條原則，給機器人社會賦以新的倫理性。至今，它仍會為機器人研究人員、設計製造廠家和使用者提供十分有意義的指導方針。

1967 年在日本召開的第一屆機器人學術會議上，人們提出了兩個有代表性的定義。一是森政弘與合田周平提出的：「機器人是一種具有移動性、個體性、智慧性、通用性、半機械半人性、自動性、奴隸性 7 個特徵的柔性機器」。從這一定義出發，森政弘又提出了用自動性、智慧性、個體性、半機械半人性、作業性、通用性、資訊性、柔性、有限性、移動性 10 個特性來表示機器人的形象。另一個是加藤一郎提出的，具有如下 3 個條件的機器可以稱為機器人：

① 具有腦、手、腳三要素的個體；

② 具有非接觸感測器（用眼、耳接收遠方資訊）和接觸感測器；

③ 具有平衡和定位的感測器。

該定義強調了機器人應當具有仿人的特點，即它靠手進行作業，靠腳實現移動，由腦來完成統一指揮的任務。非接觸感測器和接觸感測器相當於人的五官，使機器人能夠識別外界環境，而平衡和定位則是機器人感知本身狀態所不可缺少的感測器。

美國機器人產業協會（RIA）給出的定義是：機器人是一種用於搬運各種材料、零件、工具或其他特種裝置的、可重複編程的多功能操作機。

日本工業機器人協會（JIRA）給出的定義是：機器人是一種帶有記憶裝置和末端執行器的，能夠通過自動化的動作而代替人類勞動的通用機器。

國際標準化組織（ISO）對機器人的定義是：機器人是一種能夠通過編程和自動控制來執行諸如作業或移動等任務的機器。

中國科學家對機器人的定義是：機器人是一種自動化的機器，所不同的是，這種機器具備一些與人或生物相似的智慧能力，如感知能力、規劃能力、動作能力和協同能力，是一種具有高度靈活性的自動化機器。

隨著人們對機器人技術智慧化本質認識的加深，機器人技術開始源源不斷地向人類活動的各個領域滲透。結合這些領域的應用特點，人們發展出了各式各樣的具有感知、決策、行動和互動能力的特種機器人和各種智慧機器人。現在雖然還沒有一個嚴格而準確的機器人定義，但是我們希望對機器人的本質特徵做些確認：機器人是自動執行工作的機器裝置。它既可以接受人類指揮，又可以運行預先編寫的程式，也可以根據人工智慧技術制定的原則進行行動。它的任務是協助或取代人類的工作。它是高級整合控制論、機械電子、電腦、材料和仿生學的產物，在工業、醫學、農業、服務業、建築業甚至軍事等領域中均有重要用途。

1.1.2　機器人的分類

關於機器人的分類，國際上沒有制定統一的標準，從不同的角度可以有不同的分類，下面介紹幾種常用的分類方式。

（1）從應用環境角度分類

目前，中國的機器人專家從應用環境出發，將機器人分為兩大類，即工業機器人和特種機器人。國際上的機器人學者，從應用環境出發將機器人也分為兩類：製造環境下的工業機器人和非製造環境下的服務與

仿人型機器人，這和中國的分類是一致的。

工業機器人是指面向工業領域的多關節機械手或多自由度機器人。特種機器人則是除工業機器人之外的、用於非製造業並服務於人類的各種先進機器人，包括：服務機器人、水下機器人、娛樂機器人、軍用機器人、農業機器人、醫療機器人等。在特種機器人中，有些分支發展很快，有獨立成體系的趨勢，如服務機器人、水下機器人、軍用機器人、微操作機器人等。

（2）按照控制方式分類

① 操作型機器人：能自動控制，可重複編程，多功能，有幾個自由度，可固定或運動，用於相關自動化系統中。

② 程控型機器人：按預先要求的順序及條件，依次控制機器人的機械動作。

③ 示教再現型機器人：通過引導或其他方式，先教會機器人動作，輸入工作程式，機器人則自動重複進行作業。

④ 數控型機器人：不必使機器人動作，通過數值、語言等對機器人進行示教，機器人根據示教後的資訊進行作業。

⑤ 感覺控制型機器人：利用感測器獲取的資訊控制機器人的動作。

⑥ 適應控制型機器人：機器人能適應環境的變化，控制其自身的行動。

⑦ 學習控制型機器人：機器人能「體會」工作的經驗，具有一定的學習功能，並將所「學」的經驗用於工作中。

⑧ 智慧機器人：至少要具備三個要素，一是感覺要素，用來認識周圍環境狀態；二是運動要素，對外界做出反應性動作；三是思考要素，根據感覺要素所得到的資訊，判斷出採用什麼樣的動作。

（3）按照機器人移動性分類

可分為半移動式機器人（機器人整體固定在某個位置，只有部分可以運動，例如機械手）和移動機器人。

隨著機器人的不斷發展，人們發現固定於某一位置操作的機器人並不能完全滿足各方面的需要。因此，在 1980 年代後期，許多國家有計劃地開展了移動機器人技術的研究。所謂的移動機器人，就是一種具有高度自主規劃、自行組織、自適應能力，適合於在複雜的非結構化環境中工作的機器人，它融合了電腦技術、資訊技術、通訊技術、微電子技術和機器人技術等。移動機器人具有移動功能，在代替人從事危險、惡劣（如輻射、有毒等）環境下作業和人較難到達的（如宇宙空間、水下等）環境作業方面，比一般機器人有更大的機動性、靈活性。

移動機器人可以從不同角度進行分類。按照機器人的移動方式可以分為輪式移動機器人、步行移動機器人（單腿式、雙腿式和多腿式）、履帶式移動機器人、爬行機器人、蠕動式機器人和遊動式機器人等類型；按工作環境可分為室內移動機器人和室外移動機器人。

1.2 機器人的發展歷程及趨勢

機器人是集機械、電子、控制、感測、人工智慧等多學科先進技術於一體的自動化裝備。應用機器人系統不僅可以幫助人們擺脫一些危險、惡劣、難以到達等環境下的作業（如危險物拆除、掃雷、空間探索、海底探險等），還因為機器人具有操作精度高、不知疲倦等特點，可以減輕人們的勞動強度，提高勞動生產力，改善產品品質。

從世界上第一臺機器人誕生以來，機器人技術得到了迅速的發展。機器人的應用範圍也已經從工業製造領域擴展到軍事、航空航太、服務業、醫療、人類日常生活等多個領域。機器人與人工智慧技術、先進製造技術和行動網路技術的融合發展，推動了人類社會生活方式的變革。機器人產業也正在逐漸成為一個新的高技術產業。

1.2.1 機器人的發展歷程

機器人發展歷程可以分為四個階段，如圖 1-1 所示。

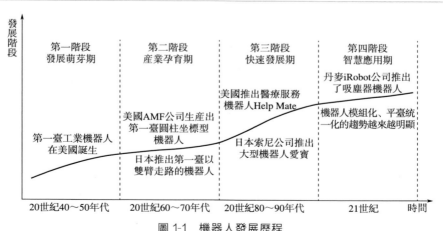

圖 1-1 機器人發展歷程

第一階段，發展萌芽期。1954 年，美國人喬治‧德沃爾製造出世界上第一臺可編程的機器人，並獲得了專利，它能按照不同的程式從事不同的工作，因此具有通用性和靈活性。1959 年，德沃爾與美國發明家約瑟夫‧英格伯格聯手製造出第一臺工業機器人。隨後，成立了世界上第一家機器人製造工廠——Unimation 公司。由於英格伯格對工業機器人的研發和宣傳，他也被稱為「工業機器人之父」。1956 年，在達特茅斯會議上，馬文‧明斯基提出了他對智慧機器的看法：智慧機器「能夠創建周圍環境的抽象模型，如果遇到問題，能夠從抽象模型中尋找解決方法」。這個定義影響到以後 30 年智慧機器人的研究方向。這一階段，隨著機構理論和伺服理論的發展，機器人進入了實用階段。

第二階段，產業孕育期。1962 年，美國機械與鑄造公司（American Machine and Foundry，AMF）製造出世界上第一臺圓柱座標型機器人，命名為 Verstran，意思是「萬能搬動」，並成功應用於美國坎頓（Canton）的福特汽車生產廠，這是世界上第一種用於工業生產上的機器人。1969 年，日本研發出第一臺以雙臂走路的機器人。同時日本、德國等國家面臨勞動力短缺等問題，因而投入巨資研發機器人，技術迅速發展，成為機器人強國。這一階段，隨著電腦技術、現代控制技術、感測技術、人工智慧技術的發展，機器人也得到了迅速的發展。這一時期的機器人屬於「示教再現」（Teach-in/Playback）型機器人，只具有記憶、儲存能力，按相應程式重複作業，對周圍環境基本沒有感知與回饋控制能力。

第三階段，快速發展期。1984 年，美國推出醫療服務機器人（Help Mate），可在醫院裡為病人送飯、送藥、送郵件。1999 年，日本索尼公司推出大型機器人愛寶（Aibo）。這一階段，隨著感測技術，包括視覺感測器、非視覺感測器（力覺、觸覺、接近覺等）以及資訊處理技術的發展，出現了有感覺的機器人。焊接、噴塗、搬運等機器人被廣泛應用於工業行業。2002 年，丹麥 iRobot 公司推出了吸塵機器人。目前，吸塵機器人是世界上銷量最大的家用機器人。2006 年起，機器人模組化、平臺統一化的趨勢越來越明顯。近幾年來，全球工業機器人銷量年均增速超過 17％，與此同時，服務機器人發展迅速，應用範圍日趨廣泛，以手術機器人為代表的醫療康復機器人形成了較大產業規模，空間機器人、仿生機器人和救災機器人等特種作業機器人實現了應用。

第四階段，智慧應用期。進入 21 世紀以來，隨著勞動力成本的不斷提高，技術的不斷進步，各國陸續進行製造業的轉型與升級，出現了機器人替代人的熱潮。這一階段，隨著感知、計算、控制等技術的迭代升

級和圖像識別、自然語音處理、深度認知學習等人工智慧技術在機器人領域的深入應用，機器人領域的服務化趨勢日益明顯，逐漸滲透到社會生產生活的每一個角落，機器人產業規模也迅速增長。

1.2.2 機器人的發展趨勢

進入 21 世紀以來，智慧機器人技術得到迅速發展，具體發展趨勢有以下幾方面。

（1）感測技術發展迅速

作為機器人基礎的感測技術有了新的發展，各種新型感測器不斷出現。例如：超音波觸覺感測器、靜電電容式距離感測器、基於光纖陀螺慣性測量的三維運動感測器，以及具有工件檢測、識別和定位功能的視覺系統等。多感測器集成與融合技術在智慧機器人上獲得應用。單一感測訊號難以保證輸入資訊的準確性和可靠性，不能滿足智慧機器人系統獲取全面、準確環境資訊以提升決策能力的要求。採用多感測器集成和融合技術，可利用感測資訊，獲得對環境狀態的正確理解，使機器人系統具有容錯性，保證系統資訊處理的快速性和準確性。

（2）運用模組化設計技術

智慧機器人和高級工業機器人的結構要力求簡單緊湊，其高性能部件，甚至全部機構的設計已向模組化方向發展；其驅動採用交流伺服電機，向小型和高輸出方向發展；其控制裝置向小型化和智慧化發展，採用高速 CPU 和 32 位晶片、多處理器和多功能操作系統，提高機器人的實時和快速響應能力。機器人軟體的模組化簡化了編程，發展了離線編程技術，提高了機器人控制系統的適應性。

在生產工程系統中應用機器人，使自動化發展為綜合柔性自動化，實現生產過程的智慧化和機器人化。近年來，機器人生產工程系統獲得不斷發展。汽車工業、工程機械、建築、電子和電機工業以及家電行業在開發新產品時，引入高級機器人技術，採用柔性自動化和智慧化設備，改造原有生產手段，使機器人及其生產系統的發展呈上升趨勢。

（3）微型機器人開發有突破

微型機器和微型機器人為 21 世紀的尖端技術之一。中國已經開發出手指大小的微型移動機器人，可用於進入小型管道進行檢查作業。預計將生產出毫米級大小的微型移動機器人和直徑為幾百微米的醫療機器人，可讓它們直接進入人體器官，進行各種疾病的診斷和治療，而不傷害人

的健康。微型驅動器是開發微型機器人的基礎和關鍵技術之一。它將對精密機械加工、現代光學儀器、超大規模集成電路、現代生物工程、遺傳工程和醫學工程產生重要影響。

(4) 新型機器人開發有突破

顯遠或遙現，被稱為臨場感。這種技術能夠測量和估計人對預測目標的擬人運動和生物學狀態，顯示現場資訊，用於設計和控制擬人機構的運動。

虛擬現實（virtual reality，VR）技術是新近研究的智慧技術，它是一種對事件的現實性從時間和空間上進行分解後重新組合的技術。這一技術包括三維電腦圖形學技術、多感測器的互動介面技術以及高畫質晰度的顯示技術。虛擬現實技術可應用於遙控機器人和臨場感通訊等領域。例如，可從地球上對火星探測機器人進行遙控操作，以採集火星表面上的土壤。

形狀記憶合金（SMA）被稱為智慧材料。SMA 的電阻隨溫度的變化而改變，導致合金變形，可用來執行驅動動作，完成感測和驅動功能。可逆形狀記憶合金（RSMA）也在微型機器人上得到了應用。

多自主機器人系統（MARS）是近年來開始探索的又一項智慧技術，它是在單體智慧機器發展到需要協調作業的條件下產生的。多個機器人具有共同的目標，完成相互關聯的動作或作業。MARS 的作業目標一致，資訊資源共享，各個局部（分散）動作的主體在全局環境下感知、行動、受控和協調，是群控機器人系統的發展。在諸多新型智慧技術中，基於人工神經網路的識別、檢測、控制和規劃方法的開發和應用占有重要的地位。基於專家系統的機器人規劃獲得新的發展，除了用於任務規劃、裝配規劃、搬運規劃和路徑規劃外，還用於自動抓取方面。

(5) 移動機器人自主性逐步提高

近年來，人們開始重視對移動機器人的研究，自主式移動機器人是研究最多的一種。自主式移動機器人能夠按照預先給出的任務指令，根據已知的地圖資訊做出全局路徑規劃，並在行進過程中，不斷感知周圍局部環境資訊，自主做出決策，引導自身繞開障礙物，安全行駛到達指定目標，並執行要求的動作與操作。移動機器人在工業和國防上具有廣泛的應用前景，如清洗機器人、服務機器人、巡邏機器人、防化偵察機器人、水下自主作業機器人、飛行機器人等。

（6）語言交流功能越來越完美

現代智慧機器人的語言功能，主要是依賴於其內部儲存器內預先儲存的大量的語音語句和文字詞彙語句，其語言的能力取決於資料庫內儲存語句量的大小以及儲存的語言範圍。顯然資料庫詞彙量越大的機器人，其聊天能力也越強。由此我們可以進一步這樣設想，假設機器人儲存的聊天語句足夠多，能涵蓋所有的詞彙、語句，那麼機器人就有可能與常人的聊天能力相媲美，甚至還要強。此時的機器人具有更廣的知識面，雖然機器人可能並不清楚聊天語句的真正涵義。

另外，機器人還需要有進行自我語言詞彙重組的能力。就是當人類與之交流時，若遇到語言包程式中沒有的語句或詞彙時，可以自動地用相關或相近意思的詞組，按句子的結構重組成新句子來回答，這也相當於類似人類的學習能力和邏輯能力，是一種意識化的表現。

（7）各種動作的完美化

機器人的動作是相對於模仿人類動作來說的，我們知道人類能做的動作是多樣化的，招手、握手、走、跑、跳等各種動作都是人類慣用的。現代智慧機器人雖然也能模仿人的部分動作，不過仍讓人感覺有點僵化，或者動作比較緩慢。未來機器人將「具有」更靈活的類似人類的關節和仿真人造肌肉，其動作更像人類，模仿人的所有動作。還有可能做出一些普通人很難做出的動作，如平地翻跟斗、倒立等。

（8）邏輯分析能力越來越強

為了使智慧機器人更完美地模仿人類，未來科學家會不斷地賦予它許多邏輯分析功能，這也相當於智慧的表現。如自行重組相應詞彙成新的句子是邏輯能力的完美表現形式，還有若自身能量不足，可以自行充電，而不需要主人幫助，是一種意識表現。總之邏輯分析有助於機器人自身完成許多工作，在不需要人類幫助的同時，還可以盡量地幫助人類完成一些任務，甚至是比較複雜化的任務。在一定層面上講，機器人有較強的邏輯分析能力，是利大於弊的。

（9）具備越來越多樣化功能

人類製造機器人的目的是為人類服務，所以就會盡可能地使它多功能化。比如在家庭中使用的機器人保姆，會掃地、吸塵，還可以做人類的聊天朋友，還可以幫助看護小孩。到外面時，機器人可以搬一些重物，或提一些東西，甚至還能當人類的私人保鏢。另外，未來高級智慧機器人還會具備多樣化的變形功能，比如從人形狀態，變成一輛豪華的汽車，可以載人，這些設想在未來都有可能實現。

（10）外形越來越酷似人類

科學家研製越來越高級的智慧機器人，是主要以人類自身形體為參照對象的。自然先需要有仿真的人類外表，這一方面的技術日本應該是相對領先的，中國也是非常優秀的。

對於未來機器人，仿真程度很有可能達到即使近在咫尺細看它的外表，也只會把它當成人類，很難分辨出是機器人的程度。這種狀況就如美國科幻大片《魔鬼終結者》中的機器人物造型，具有極致完美的人類外表。

1.3 特種機器人的發展現狀和核心技術

特種機器人是指除工業機器人之外的、用於非製造業並服務於人類的各種先進機器人，其始終是智慧機器人技術研究的重點。非製造業領域的特種機器人與製造業的工業機器人相比，其主要特點是工作環境的非結構化和不確定性，因而對機器人的要求更高，需要機器人具有行走功能、對外感知能力以及局部的自主規劃能力等，是機器人技術的一個重要發展方向。

1.3.1 全球特種機器人發展現狀

近年來，全球特種機器人整機性能持續提升，不斷催生出新興市場，引起各國高度關注。

目前，特種機器人發展有以下特點。

① 技術進步促進智慧水平大幅提升 當前特種機器人應用領域不斷拓展，所處的環境變得更為複雜與極端，傳統的編程式、遙控式機器人由於程式固定、響應時間長等問題，難以在環境迅速改變時做出有效的應對。隨著感測技術、仿生與生物模型技術、生機電資訊處理與識別技術不斷進步，特種機器人已逐步實現「感知—決策—行為—回饋」的閉環工作流程，具備了初步的自主智慧，與此同時，仿生新材料與剛柔耦合結構也進一步打破了傳統的機械模式，提升了特種機器人的環境適應性。

圖 1-2　2012—2020 年全球特種機器人銷售額及增長率（帶 * 為預估值，下同）

　　② 替代人類在更多特殊環境中從事危險勞動　當前特種機器人已具備一定水平的自主智慧，通過綜合運用視覺、壓力等感測器，深度融合軟硬系統，以及不斷優化控制算法，特種機器人已能完成定位、導航、避障、追蹤、QR Code 識別、場景感知識別、行為預測等任務。例如，波士頓動力公司已發布的兩輪機器人 Handle，實現了在快速滑行的同時進行跳躍的穩定控制。隨著特種機器人的智慧性和對環境的適應性不斷增強，其在軍事、防暴、消防、採掘、建築、交通運輸、安防監測、空間探索、管道建設等眾多領域都具有十分廣闊的應用前景。

　　③ 救災、仿生、載人等領域獲得高度關注　近年來全球多發的自然災害、恐怖活動、武力衝突等對人們的生命財產安全構成了極大的威脅，為提高危機應對能力，減少不必要的傷亡以及爭取最佳救援時間，各國政府及相關機構投入重金加大對救災、仿生、載人等特種機器人的研發支持力度，如日本研究人員在開發的救災機器人的基礎上，創建了一個可遠端操控的雙臂災害搜救建築機器人。與此同時，日本軟銀集團收購了 Google 母公司 Alpahbet 旗下的兩家仿生機器人公司波士頓動力和 Schaft，韓國機器人公司「韓泰未來技術」花費 2.16 億美元打造出「世界第一臺」載人機器人。

　　④ 無人機廣受各路資本追捧　近年來，無人機在整機平臺製造、飛控和動力系統等方面都取得了較大進步。無人機產業發展呈現爆發增長的態勢，市場空間增長迅速，無人機已成為各路資本關注的重點。如 Snap 收購無人機初創公司 Ctrl Me Robotics，卡特彼勒集團戰略投資了

美國無人機服務巨頭 Airware，英特爾收購了德國無人機軟體和硬體製造商 MAVinci。

1.3.2　中國特種機器人發展現狀

當前，中國特種機器人市場保持較快發展，各種類型產品不斷出現，在應對地震、洪澇災害和極端天氣，以及礦難、火災、安防等公共安全事件中，對特種機器人有著突出的需求。2016 年，中國特種機器人市場規模達到 6.3 億美元，增長率達到 16.67%，略高於全球特種機器人增長率。其中，軍事應用機器人、極限作業機器人和應急救援機器人市場規模分別為 4.8 億美元、1.1 億美元和 0.4 億美元，其中極限作業機器人是增速最快的領域。隨著中國企業對安全生產意識的進一步提升，將逐步使用特種機器人替代人在高危場所和複雜環境中進行作業。

圖 1-3　2012—2020 年中國特種機器人銷售額及增長率

中國特種機器人從無到有、品種不斷豐富、應用領域不斷拓展，奠定了特種機器人產業化的基礎。中國高度重視特種機器人技術研究與開發，並通過「特殊服役環境下作業機器人關鍵技術」主題專案及「深海關鍵技術與裝備」等重點專案予以支持。目前，在反恐排爆及深海探索領域部分關鍵核心技術已取得突破，例如室內定位技術、高精度定位導航與避障技術，汽車底盤危險物品快速識別技術已初步應用於反恐排爆機器人。與此同時，中國先後攻克了鈦合金載人艙球殼製造、大深度浮

力材料製備、深海推進器等多項核心技術，使中國在深海核心裝備國產
化方面取得了顯著進步。

20 多年來，中國先後研製出一大批特種機器人，並投入使用，如輔
助骨外科手術機器人和腦外科機器人成功用於臨床手術，低空飛行機器
人在南極科考中得到應用，微小型探雷掃雷機器人參加了國際維和掃雷
行動，空中搜索探測機器人、廢墟搜救機器人等地震搜救機器人成功問
世，細胞注射微操作機器人已應用於動物複製實驗，中國首臺腹腔微創
外科手術機器人進行了動物試驗並通過了鑑定，反恐排爆機器人已經批
量裝備公安和武警部隊等。

特種無人機、水下機器人等研製水平全球領先。目前，在特種機器
人領域，中國已初步製造出特種無人機、水下機器人、搜救/排爆機器人
等系列產品，並在一些領域形成優勢。例如，中國電子科技集團公司研
究開發了固定翼無人機智慧集群系統，成功完成 119 架固定翼無人機集
群飛行試驗。中國中車時代電氣公司研製出世界上最大噸位深水挖溝犁，
填補了中國深海機器人裝備製造領域空白；新一代遠洋綜合科考船「科
學」號搭載的纜控式遙控無人潛水器「發現」號與自治式水下機器人
「探索」號在南海北部實現首次深海交會拍攝。

1.3.3　特種機器人核心技術

發展具有自主智慧財產權的海洋探測技術，研發面向資源探勘、捕
撈救援、環境監測等需求的系列化海洋裝備，推動產業化進程，提供中
國在深遠海國際競爭中的技術支撐與能力保障；研發國防建設急需的無
人化機器人裝備，包括面向海陸空單一環境和多棲環境的無人偵察及作
戰機器人系統、增強單兵能力的助力機器人、智慧光電系統等；研發面
向極地科考、核電站巡檢、空間科學實驗等需求的特種機器人系統。根
據中國自動化學會發布的相關報告，特種機器人核心技術發展規劃如表
1-1 所示。

表 1-1　特種機器人核心技術發展規劃

		現狀	近期（2020 年）	遠期（2030 年）
特種機器人		只有在某種已知環境下、面向特定任務時，特種機器人才能夠在某些方面表現出自主性	機器人在複雜環境中的自主導航、制導與控制能力提升，機器人可以擺脫人的持續實時遙控，部分自主地完成一些任務	機器人能夠應對需要較高認知能力的環境（野外自然環境）並在不依賴人遙控的條件下自主運行
機器人本體技術	驅動技術	電、液、氣等驅動方式是主流，且驅動性能不高	驅動性能提升：輕量化、小型化、集成化技術快速發展	新的驅動方式（化學驅動、核驅動、生物驅動）出現並逐漸成熟
	機構構型	傳統的機構、構型在靈巧性、效率方面性能不高	仿生機構技術快速發展，機構性能大幅提升	仿生運動機構可能展現出類生物的運動性能
感測與控制技術	運動控制	常規條件下的運動控制技術已經成熟，複雜條件下的運動控制性能仍然不高	運動控制技術趨於成熟，可支持機器人在複雜條件下安全地完成一些複雜的運動	魯棒控制、自適應控制技術得到廣泛應用，機器人能夠實現大部分機動運行模態
	感知	非結構化環境建模技術、特定目標識別技術等面向特定任務的感知技術逐漸成熟	動態環境感知、長時期自主感知等技術趨於成熟，環境認知能力仍然不足	機器人感知能力大幅增強，感知精度和魯棒性得到大幅提升，機器人將具備一定的態勢認知能力
智慧性與自主性技術	導航規劃決策	面向特定使命和環境的導航與規劃技術成熟，短期內，機器人的決策自主性仍然不高，需要依靠操控人員進行決策	導航與規劃算法中對於不確定因素的處理趨於成熟，算法實時性得到極大改善，機器人能夠針對特定的任務進行決策	導航與規劃中系統不確定性的內在處理機制成熟，實時導航與規劃實現機器人能夠在部分複雜環境中（極地、海洋、行星等）實現自主決策
	學習	面向特定任務（如目標識別、導航等）的學習理論趨於成熟，可提高任務完成效率	自主學習理論發展迅速，機器人可以實現面向任務的自主發育式學習	自主學習理論發展趨於成熟，認知學習，長期學習，機-機、人-機全自主學習（通過觀察，互動）等技術迅速發展

1.4　特種機器人的主要應用領域

　　經過數十年的發展，特種機器人已經廣泛應用於醫用、農業、建築、服務業、軍用、救災等領域。下面簡要介紹一下機器人在諸多領域的應用情況。

（1）醫用機器人

醫用機器人，是指用於醫院、診所的醫療或輔助醫療的機器人。它能獨自編制操作計劃，依據實際情況確定動作程式，然後把動作變為操作機構的運動。主要研究內容包括：醫療外科手術的規劃與仿真、機器人輔助外科手術、最小損傷外科手術、臨場感外科手術等。美國已開展臨場感外科的研究，用於戰場模擬、手術培訓、解剖教學等。法國、英國、義大利、德國等國家聯合開展了圖像引導型矯形外科計劃、袖珍機器人計劃以及用於外科手術的機電手術工具等項目的研究，並已取得一些成效。醫用機器人種類很多，按照其用途不同，有臨床醫療用機器人、護理機器人、醫用教學機器人和為身障人士服務機器人等。

① 運送藥品的機器人　可代替護理師送飯、送病例和化驗單等，較為著名的有美國 TRC 公司的 Help Mate 機器人。

② 移動病人的機器人　主要幫助護理師移動或運送癱瘓和行動不便的病人，如英國的 PAM 機器人。

③ 臨床醫療的機器人　包括外科手術機器人和診斷與治療機器人。圖 1-4 所示機器人是一臺能夠為患者治療中風的醫療機器人，這款機器人能夠通過網路將醫生和患者的資訊進行互動。有了這種機器人，醫生無需和患者面對面就能進行就診治療。

④ 為身障人士服務的機器人　又叫康復機器人，可以幫助身障人士恢復獨立生活能力。圖 1-5 所示機器人是一款新型助殘機器人，它是由美國軍方專門為受傷致殘失去行動能力的士兵設計的，它將受傷的士兵下肢緊緊地包裹在機器人體內，通過感知士兵的肢體運動來行走。

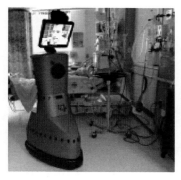

圖 1-4　機器人醫生　　　　　　　圖 1-5　助殘機器人

⑤ 護理機器人　英國科學家正在研發一種護理機器人，能用來分擔

護理人員繁重瑣碎的護理工作。新研製的護理機器人將幫助醫護人員確認病人的身分，並準確無誤地分發所需藥品。將來，護理機器人還可以檢查病人體溫、清理病房，甚至通過影片傳輸幫助醫生及時了解病人病情。

⑥ 醫用教學機器人　是理想的教具。美國醫護人員目前使用一部名為「諾埃爾」的教學機器人，它可以模擬即將生產的孕婦，甚至還可以說話和尖叫。通過模擬真實接生，有助於提高婦產科醫護人員手術配合能力和臨場反應能力。

（2）農業機器人

農業機器人是應用於農業生產的機器人的總稱。近年來，隨著農業機械化的發展，農業機器人正在發揮越來越大的作用，已經投入應用的有番茄採摘機器人（見圖 1-6）、林木球果採摘機器人（見圖 1-7）、嫁接機器人（見圖 1-8）、伐根機器人（見圖 1-9）、收割機器人、噴藥機器人等。

圖 1-6　番茄採摘機器人

圖 1-7　林木球果採摘機器人

圖 1-8　嫁接機器人

圖 1-9　伐根機器人

（3）建築機器人

　　建築機器人是應用於建築領域的機器人的總稱。隨著全球建築行業的快速發展，勞動力成本的上升，建築機器人迎來了發展機遇。日本已研製出 20 多種建築機器人，如高層建築抹灰機器人、預製件安裝機器人、室內裝修機器人、地面拋光機器人、擦玻璃機器人等，並已投入實際應用。美國在進行管道挖掘和埋設機器人、內牆安裝機器人等的研製，並開展了感測器、移動技術和系統自動化施工方法等基礎研究。圖 1-10 是玻璃幕牆清洗機器人，圖 1-11 是管道清洗機器人。

圖 1-10　玻璃幕牆清洗機器人　　　　圖 1-11　管道清洗機器人

　　建築機器人可以 24h 工作，長時間保持一個特殊姿勢而不「疲倦」。機器人建起的房子品質更好，同時可以抵禦惡劣的天氣。美國 Construction Robotics 公司推出了一款名為「半自動梅森」（SAM100）的砌磚機器人（見圖 1-12），每天可砌磚 3000 塊，而一個工人一般每天只砌 250～300 塊磚。

圖 1-12　　「半自動梅森」（SAM100）砌磚機器人

澳洲開發的全自動商用建築機器人 Hadrian X（見圖 1-13），可以 3D 列印和砌磚，它每小時的鋪磚量達到了驚人的 1000 塊。Hadrian X 不再採用傳統水泥，而是用建築膠來黏合磚塊，從而大大提升建築的速度、強度，並可強化結構的最終熱效應。

圖 1-13　Hadrian X 建築機器人

2018 年 4 月，美國麻省理工學院的研究團隊開發了一個全新的數字建設機臺（見圖 1-14），可利用 3D 列印技術「列印」建築，該機器人使用的建築材料是泡沫和混凝土的混合物，壁與壁之間留有空隙，可嵌入線路及管道。該機臺最底部的裝置就像裝有坦克履帶的探測車一樣，上面有兩隻機械手臂，手臂的末端還裝有噴嘴。

圖 1-14　麻省理工學院研發的數字建設機臺

圖 1-15 是在美國賓夕法尼亞州的一個橋梁專案上試用的捆綁鋼筋的機器人。圖 1-16 所示的 Husqvarna DXR 系列遙控拆遷機器人具有功率大、重量輕等特點。工人可以遠端操作 Husqvarna DXR 拆遷機器人，而不需要進入危險的拆遷場地中。

圖 1-15　捆綁鋼筋的機器人　　　　　圖 1-16　Husqvarna DXR 拆遷機器人

　　配備了高畫質攝影機和感測器的建築工地上的「自動漫遊者」，可以在工地周圍導航，是能夠識別和避開障礙物的機器人。法國機器人公司 Effidence 開發的「EffiBOT」（見圖 1-17），可以跟隨工人，攜帶工具和材料。

圖 1-17　法國機器人公司 Effidence 開發的 「EffiBOT」

（4）家政服務機器人

　　服務機器人是一種以自主或半自主方式運行，能為人類生活和健康提供服務的機器人，或者是能對設備運行進行維護的一類機器人。服務機器人主要是一個移動平臺，它能夠移動，上面有一些手臂進行操作，同時還裝有一些力覺感測器、視覺感測器、超音測距感測器等。它對周邊的環境進行識別，判斷自己的運動，完成某種工作，這是服務機器人的基本特點。

　　如圖 1-18 所示的是日本發明的人形機器人保姆「AR」，「AR」上共搭載了五臺照相機，通過圖像識別來辨認家具，它依靠車輪移動，除了會洗衣、打掃衛生，還會做收拾餐具等諸多家務雜活。在公開展示活動

中,「AR」演示了打開洗衣機蓋並將衣服放入洗衣機的過程,同時還展示了送餐具和打掃衛生等功能。

　　圖 1-19 所示機器人是由德國研製的新一代機器人保姆 Care-O-Bot3,它全身布滿了各種能夠識別物體的感測器,能夠準確地判斷物體的位置並識別物體的類型;它不僅能夠通過聲音控制或者手勢控制,同時還具備很強的自我學習能力。

圖 1-18　機器人保姆 「AR」

圖 1-19　機器人保姆 Care-O-Bot3

圖 1-20　機器人 「阿涅亞」

　　圖 1-20 所示機器人是俄羅斯利用「新紀元」公司許多獨特研究研製的人形機器人「阿涅亞」,這款機器人是一種能夠雙腳行走,還能與人對話的服務機器人,它擁有世界先進的機械結構和程式保障系統。

　　(5) 娛樂機器人

　　娛樂機器人以供人觀賞、娛樂為目的,可以像人、像某種動物、像童話或科幻小說中的人物等。娛樂機器人可以行走或完成動作,可以有語言能力,會唱歌,有一定的感知能力,如機器人歌手、足球機器人、玩具機器人、舞蹈機器人等。

　　娛樂機器人主要使用了超級 AI 技術、超炫聲光技術、視訊通話技術、定製效果技術。AI 技術為機器人賦予了獨特的個性,通過語音、聲光、動作及觸碰反應等與人互動;超炫聲光技術通過多層 LED 燈及聲音系統,呈現超炫的聲光效果;視訊通話技術是通過機器人的大螢幕、麥克風及揚聲器,與異地實現視訊通話;而定製效果技術可根據使用者的不同需求,為機器人增加不同的應用效果。

　　圖 1-21 所示霹靂舞機器人是由英國 RM 的工程師開發研製的,它不

　　僅能在課堂上成為孩子們的幫手，幫助孩子學習，還能通過電腦設定好的程式來控制身上多個關節活動，從而做出各種類似人類跳舞的動作。

　　圖 1-22 所示機器人是一款完全由中國科學家自主研發的「美女機器人」，它不僅能夠與人進行對話，還能夠根據自身攜帶的感測器進行自主運動。這款「美女機器人」擁有靚麗的外形，還能根據人的語音指令快速做出反應。

圖 1-21　霹靂舞機器人

圖 1-22　美女機器人

　　索尼公司新推出的 Aibo 機器狗（見圖 1-23）約 2.2kg，站立時測量的寬度、高度分別為：18cm、29.3cm。機器人本身就配置了由索尼特別設計的超級電容和 2 軸驅動器。這些執行器使 Aibo 的身體能沿著 22 個軸移動。這使得新版 Aibo 比原來的 Aibo 動作更流暢、更自然，展現在耳朵和尾巴擺動，以及嘴、爪和身體動作。新的機器狗還配備了一

圖 1-23　索尼公司生產的新版 Aibo 機器狗

個魚眼攝影機和一個在後面的攝影機，它們都與感測器一起探測和分析聲音和圖像，並幫助 Aibo 識別出它的主人的臉。同步定位和映射技術使 Aibo 能夠適應環境。這種感測器和深度學習的結合也幫助 Aibo 分析了讚揚、微笑並產生對愛撫的反應，這就創造了「隨著時間的推移而增長與主人的關係」。SIM 卡連接為 Aibo 提供了行動網路接入，索尼計劃將其擴展到家用電器和設備上。

（6）軍用機器人

軍用機器人是一種用於軍事領域（偵察、監視、排爆、攻擊、救援等）的具有某種仿人功能的機器人。近年來，美國、英國、法國、德國等國已研製出第二代軍用智慧機器人。其特點是採用自主控制方式，能完成偵察、作戰和後勤支援等任務，具有看、嗅和觸摸能力，能夠實現地形追蹤和道路選擇，並且具有自動搜索、識別和消滅敵方目標的功能。如美國的 Navplab 自主導航車、SSV 半自主地面戰車，法國的自主式快速運動偵察車，德國 MV4 爆炸物處理機器人等。按其工作環境可以分為地面軍用機器人、水下軍用機器人、空中軍用機器人和空間機器人等。

① 地面軍用機器人　主要是指在地面上使用的機器人系統，它們不僅可以完成要地保全任務，而且可以代替士兵執行運輸、掃雷、偵察和攻擊等各種任務。地面軍用機器人種類繁多，主要有作戰機器人（見圖 1-24）、防爆機器人（見圖 1-25）、掃雷車、機器保全（見圖 1-26）、機器偵察兵（見圖 1-27）等。

圖 1-24　作戰機器人

圖 1-25　防爆機器人

圖 1-26　機器保全

圖 1-27　機器偵察兵

②水下軍用機器人　分為有人機器人和無人機器人兩大類，如有人潛水器機動靈活，便於處理複雜的問題，但人的生命可能會有危險，而且價格昂貴。無人潛水器就是人們所說的水下機器人。按照無人潛水器與水面支持設備（母船或平臺）間聯繫方式的不同，水下機器人可以分為兩大類：一種是有纜水下機器人，習慣上把它稱為遙控潛水器，簡稱 ROV；另一種是無纜水下機器人，習慣上把它稱為自治潛水器，簡稱 AUV。有纜機器人都是遙控式的，按其運動方式分為拖曳式、（海底）移動式和浮游（自航）式三種。無纜水下機器人只能是自治式的，只有觀測型浮游式一種運動方式，但它的前景是光明的。為了爭奪制海權，各國都在開發各種用途的水下機器人，圖 1-28 是美國 SeaBotix 公司研製的 LBV 300 型有纜水下機器人，圖 1-29 是中國研製的 CR-01 型無纜自治水下機器人。

圖 1-28　LBV 300 型有纜水下機器人　　圖 1-29　CR-01 型無纜自治水下機器人

③空中軍用機器人　又叫無人機，在軍用機器人家族中，無人機是科研活動最活躍、技術進步最大、研究及採購經費投入最多、實戰經驗最豐富的領域。從第一臺自動駕駛儀問世以來，無人機的發展基本上是以美國為主線向前推進的，無論從技術水平還是無人機的種類和數量來看，美國均居世界之首位。

無人機被廣泛應用於偵察、監視、預警、目標攻擊等領域（見圖 1-30～圖 1-32）。隨著科技的發展，無人機的體積越來越小，產生了微機電系統集成的產物——微型飛行器。微型飛行器被認為是未來戰場上重要的偵察和攻擊武器，能夠傳輸實時圖像或執行其他任務，具有足夠小的尺寸（小於 20cm）、足夠大的巡航範圍（如不小於 5km）和足夠長的飛行時間（不少於 15min）。

圖 1-30　「全球鷹」無人機

圖 1-31　「微星」微型無人機

圖 1-32　機器蜻蜓

　　④ 空間機器人　是一種低價位的輕型遙控機器人，可在行星的大氣環境中導航及飛行。為此，它必須克服許多困難，例如它要能在一個不斷變化的三維環境中運動並自主導航；幾乎不能夠停留；必須能實時確定它在空間的位置及狀態；要能對它的垂直運動進行控制；要為它的星際飛行預測及規劃路徑。目前，美國、俄羅斯、加拿大等國已研製出各種空間機器人，如美國研製的火星機器人（見圖 1-33）、月球探測機器人（見圖 1-34），國際空間站機器人（見圖 1-35）。圖 1-36 是中國的月球車在進行沙漠實驗。

圖 1-33　美國研製的火星機器人

圖 1-34　美國研製的月球探測機器人

圖 1-35 國際空間站機器人　　　圖 1-36 中國的月球車在進行沙漠實驗

（7）災難救援機器人

近些年來，特別是「9‧11」事件以後，世界上許多國家開始從國家安全戰略的角度考慮研製出各種反恐防爆機器人、災難救援機器人等危險作業機器人，用於災難的防護和救援。同時，由於救援機器人有著潛在的應用背景和市場，一些公司也介入了救援機器人的研究與開發。國外的搜救機器人的研究成果具有很強的前端性，中國的搜救機器人研究更加側重於應用領域。

日本電氣通訊大學研發的 KONGA2 搜救機器人（見圖 1-37），是一種可通過多單元進行組合的模組化機器人，該機器人可以進入狹小的廢墟空間進行倖存者的搜索。採用多個單元進行組合，增加了機器人運動的自由度，不但能有效防止機器人在廢墟內被卡，還可增強機器人翻越溝壑和越障的能力。

(a) 單模組　　　　(b) 雙模組　　　　(c) 三模組

圖 1-37 可重新排列的類蛇援救機器人 KOHGA2

日本神户大學及日本國家火災與災難研究所共同研發的針對核電站事故的救援機器人如圖 1-38 所示，設計它的目的是讓其進入受汙染的核能機構的內部將昏厥者轉移至安全的地方。這種機器人系統是由一組小的移動機器人組成的，作業時首先通過小的牽引機器人調整昏厥者的身體姿勢以

便搬運，接著用帶有擔架結構的移動機器人將人轉移到安全的地帶。

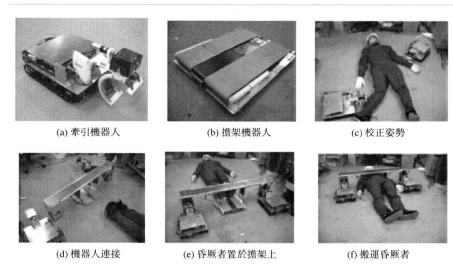

(a) 牽引機器人　　　　　　(b) 擔架機器人　　　　　　(c) 校正姿勢

(d) 機器人連接　　　　(e) 昏厥者置於擔架上　　　　(f) 搬運昏厥者

圖 1-38　針對核災難的救援機器人及其實驗

日本千葉大學和日本精工愛普生公司聯合研發的微型飛行機器人
uFR 如圖 1-39 所示，uFR 外觀像直升機，使用了世界上最大的電力/重量輸出比的超薄超音電機，總重只有 13g，同時 uFR 因具有使用線性執行器的穩定機械結構而可以在半空中平衡。uFR 可以應用在地震等自然災害中，它可以非常有效地測量現場以及危險地帶和狹窄空間的環境，此外它還可以有效地防止二次災難。

圖 1-39　微型飛行機器人 uFR

　　美國南佛羅里達大學研發的可變形機器人 Bujold 如圖 1-40 所示，這種機器人裝有醫學感測器和攝影機，底部採用可變形履帶驅動，可以變成三種結構：坐立起來面向前方、坐立起來面向後方和平躺姿態。Bujold 具有較強的運動能力和探測能力，它能夠進入災難現場獲取倖存者的生理資訊以及周圍的環境資訊。

　　美國國家航空航太局（NASA）研製的機器人 RoboSimian（見圖 1-41），直立身高 1.64m，重 108kg，擁有敏捷靈活的四肢，可採用四足方式進行運動，能夠適應多種複雜的地震廢墟環境，在廢墟環境下具有很好的運動能力，並具有很強的平衡能力，同時，裝有多個攝影機，

能夠獲取豐富的外界環境資訊。

(a) 坐立面向前方

(b) 坐立面向後方

(c) 平躺

圖 1-40　可變形機器人 Bujold 的三種結構

美國卡內基美隆大學研製的四肢機器人 CHIMP（見圖 1-42），是一種輪足複合的移動機器人，該機器人的四肢裝有履帶機構，可以採用履帶機器人的運動方式在崎嶇路面運動，又可以採用四肢爬行的方式進行運動，機器人的四肢頂端裝有三指操縱器，能夠抓握物體，四肢機構和三指操縱器配合工作，可以爬梯子、移動物體。CHIMP 機器人的每個關節都可以被操作人員進行遠端控制，同時，該機器人具有預編程式，能夠執行預設的任務，操作人員下達高級指令，機器人進行低級反射，並能夠進行自我保護。該機器人具有很強的複雜環境適應能力、很高的運動能力和很強的操作能力，在災難救援領域具有很大的應用潛力。

圖 1-41　機器人 RoboSimian

圖 1-42　機器人 CHIMP

美國 iRobot 公司生產的機器人 PackBot（見圖 1-43）是一種具有前擺臂和機械手結構的履帶式搜救機器人，該機器人原本為軍用安防機器人，「9‧11」事件發生後，該機器人被部署到世貿中心受損的建築物中執行倖存者搜救任務，搜救出多名倖存者。機器人頭部裝配有攝影機，既可以在崎嶇的地面上導航，也可以改變觀察平臺的高度，底盤裝有全球定位系統（GPS）、電子指南針和溫度探測器，同時還搭載了聲波定位儀、雷射掃描儀、微波雷達等多種感測器以感知外部環境資訊和自身狀

態資訊。目前，該機器人已開發出基於安卓系統的便攜式移動控制平臺。

圖 1-43　機器人 PackBot

美國霍尼韋爾公司研發的垂直起降的微型無人機 RQ-16A T-Hawk

圖 1-44　霍尼韋爾公司的微型
無人機 RQ-16A T-Hawk

如圖 1-44 所示，這款無人機重 8.4kg，能持續飛行 40min，最大速度 130km/h，最高飛行高度 3200m，最大可操控範圍半徑 11km，適合於背包部署和單人操作。T-Hawk 無人機可以用於災難現場的環境監測，它已經被應用在 2011 年日本福島的核事故中，幫助人類更好地判斷放射性物質泄漏的位置以及如何更好地進行處理。

德國人工智慧研究中心研發的輪腿混合結構的機器人 ASGUARD 如圖 1-45 所示，該機器人的設計靈感來源於昆蟲的移動，特殊的機械結構使得該機器人非常適合城市災難搜索和救援，尤其在攀爬樓梯方面具有天然的優勢。

圖 1-45　輪腿混合式機器人 ASGUARD

韓國大邱慶北科學技術院研發的便攜式火災疏散機器人如圖 1-46 所

示，疏散機器人設計的目的是深入火災現場收集環境資訊，尋找倖存者，並且引導被困者撤離火災現場。該機器人是由鋁合金製品壓鑄而成的，具有耐高溫和防水的功能，機器人具有一個攝影機可以捕捉火災現場的環境資訊，有多種感測器可以檢測溫度、一氧化碳和氧氣濃度，還有揚聲器用來與被困者進行交流。

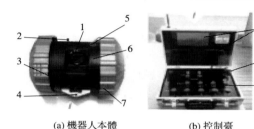

(a) 機器人本體　　　　(b) 控制臺

圖 1-46　便攜式火災疏散機器人

1—攝影機；2—開關；3—LED 燈；4—支撐輪；5—空氣溫度感測器；6—鋁合金；
7—兩驅動輪及控制系統；8—兩機器人的雙顯示畫面；9—搖桿；10—控制按鈕

　　中國科學院瀋陽自動化研究所研發的可變形災難救援機器人見圖 1-47，這種機器人具有 9 種運動構型和 3 種對稱構型，具有直線、三角和並排等多種形態，它能夠通過多種形態和步態來適應環境和任務的需要，可以根據使用的目的，安裝攝影機、生命探測儀等不同的設備。可變形災難救援機器人在 2013 年四川省雅安市蘆山縣地震救援中進行了首次應用，在救援過程中，它的任務是對廢墟表面及廢墟內部進行搜索，為救援隊提供必要的資料以及圖像支持資訊。

(a) 可變形機器人結構圖　　　　(b) 現場救災圖

圖 1-47　可變形災難救援機器人及其現場救災

1—首模組；2—中間模組；3—尾模組燈；4,6—仰俯關節；5,7—偏轉關節；
8—雲臺；9—拾音器；10—環境採集

加拿大 Inuktun 公司研製的 MicroVGTV 機器人（見圖 1-48），是一種履帶可變形的災難搜救機器人，該機器人的履帶可通過機械裝置改變整體結構，以適應不同的環境，在複雜環境下具有很強的運動能力。該機器人採用電纜控制，裝配有攝影機，採集廢墟環境的圖像資訊，並帶有微型話筒和揚聲器，對廢墟內的聲音訊號進行監聽，可以與廢墟中的倖存者進行通話。

圖 1-48　MicroVGTV 機器人

中國科學院瀋陽自動化研究所研製了廢墟表面起縫機器人（見圖 1-49），該機器人是一種具有前後擺臂和前端起縫裝置的履帶驅動式移動機器人，主要用於廢墟表面執行起縫作業，機器人的起縫裝置採用液壓驅動，最大起縫重量為 1200kg，在廢墟搜救工作中，可以起到很好的輔助作用。

圖 1-49　起縫機器人

上海大學研製了主動介入式廢墟縫隙搜救機器人（見圖 1-50），該機器人是一種具有柔性本體的自動推進系統，機器人由主動段和被動段兩部分組成，主動段具有 3 個自由度，可實現機器人的推進與機器人的姿態控制，被動段可以擴展延長，內部裝有通訊線路和電源線路，起到通訊的作用。該機器人裝有 LED 燈、攝影機、麥克風與擴音器，可進行廢墟內的照明與音訊通訊，獲取廢墟內部環境資訊。同時，機器人裝備的溫度感測器和二氧化碳濃度感測器等設備，可探測廢墟內部的空氣狀態資訊。獨特的機構設計使得該機器人在廢墟縫隙環境下具有很強的移動

能力，具有很強的應用前景。

圖 1-50　主動介入式廢墟縫隙搜救機器人

中國科學院瀋陽自動化研究所研製了旋翼飛行機器人（見圖 1-51），該機器人能夠克服複雜的大氣環境，具有靈巧、輕便、穩定等特點，在災難救援工作中，該機器人能夠從空中獲取災難現場的真實狀況，進行搜索、排查和路況監控等，並向地面救援人員傳送圖片和影片資料，輔助救援工作的部署與決策。

圖 1-51　旋翼飛行機器人

第2章
特種機器人
的驅動系統
和機構

2.1 機器人的基本組成

機器人主要由驅動系統、機構、感知系統、人機互動系統、控制系統組成，如圖 2-1 所示。

（1）驅動系統

驅動系統是向機械結構系統提供動力的裝置。驅動系統的驅動方式主要有：電氣驅動、液壓驅動、氣壓驅動及新型驅動。

電氣驅動是目前使用最多的一種驅動方式，其特點是無環境汙染、運動精度高、電源取用方便，響應快，驅動力大，訊號檢測、傳遞、處理方便，並可以採用多種靈活的控制方式，驅動電機一般採用步進電機、直流伺服電機、交流伺服電機，也有採用直接驅動電機的。

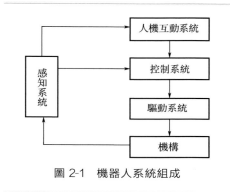

圖 2-1　機器人系統組成

液壓驅動可以獲得很大的抓取能力，傳動平穩，結構緊湊，防爆性好，動作也較靈敏，但對密封性要求高，不宜在高、低溫現場工作。

氣壓驅動的機器人結構簡單，動作迅速，空氣來源方便，價格低，但由於空氣可壓縮而使工作速度穩定性差，抓取力小。

隨著應用材料科學的發展，一些新型材料開始應用於機器人的驅動，如形狀記憶合金驅動、壓電效應驅動、人工肌肉及光驅動等。

（2）機構

機器人的機構由傳動機構和機械構件組成。

傳動機構的作用是把驅動器的運動傳遞到關節和動作部位。機器人常用的傳動機構有滾珠絲槓、齒輪、傳動帶及鏈、諧波減速器等。

機械構件由機身、手臂、末端操作器三大件組成。每一大件都有若干自由度，構成一個多自由度的機械系統。若基座具備移動機構，則構成移動機器人；若基座不具備移動及腰轉機構，則構成單機器人臂。手臂一般由上臂、下臂和手腕組成。末端執行器是直接裝在手腕上的一個重要部件，它可以是兩手指或多手指的手爪，也可以是作業工具。

（3）感知系統

感知系統由內部感測器模組和外部感測器模組組成，獲取內部和外部環境中有用的資訊。內部感測器用來檢測機器人的自身狀態（內部資訊），如關節的運動狀態等。外部感測器用來感知外部世界，檢測作業對象與作業環境的狀態（外部資訊），如視覺、聽覺、觸覺等。智慧感測器的使用提高了機器人的機動性、適應性和智慧化水平。人類的感受系統對感知外部世界資訊是極其巧妙的，然而對於一些特殊的資訊，感測器比人類的感受系統更有效。

（4）人機互動系統

人機互動系統是人與機器人進行聯繫和參與機器人控制的裝置。例如，指令控制臺、資訊顯示板、危險訊號報警器等。

（5）控制系統

控制系統的任務是根據機器人的作業指令以及從感測器回饋回來的訊號，支配機器人的執行機構去完成規定的運動和功能。

2.2 常用驅動器

機器人常用的驅動方式主要有液壓驅動、氣壓驅動和電氣驅動三種基本類型，其驅動系統的驅動性能對比見表 2-1。

表 2-1　三種驅動系統的驅動性能對比

項目	液壓	電氣	氣壓
優點	①適用於大型機器人和大負載 ②系統剛性好，精度高，響應速度快 ③不需要減速齒輪 ④易於在大的速度範圍內工作 ⑤可以無損停在一個位置	①適用於所有尺寸的機器人 ②控制性能好，適合於高精度機器人 ③與液壓系統相比，有較高的柔性 ④使用減速齒輪降低了電機軸上的慣量 ⑤不會泄漏，可靠，維護簡單	①元器件可靠性高 ②無泄漏，無火花 ③價格低，系統簡單 ④和液壓系統比，壓強低 ⑤柔性系統
缺點	①會泄漏，不適合在要求潔淨的場合使用 ②需要泵、儲液箱、電機等 ③價格昂貴，有噪音，需要維護	①剛度低 ②需要減速齒輪，增加成本、質量等 ③在不供電時，電機需要煞車裝置	①系統噪音大，需要氣壓機、過濾器 ②很難控制線性位置 ③在負載作用下易變形，剛度低

工業機器人出現的初期，由於其運動大多採用曲柄機構和連桿機構等，所以大多採用液壓與氣壓驅動方式。但隨著對作業高速度的要求，以及作用日益複雜化，目前電氣驅動的機器人所占的比例越來越大。但在需要出力很大的應用場合，或運動精度不高、有防爆要求的場合，液壓、氣壓驅動仍獲得滿意的應用。

此外，隨著應用材料科學的發展，一些新型材料開始應用於機器人的驅動，如形狀記憶合金驅動、壓電效應驅動、人工肌肉及光驅動等。

2.2.1　液壓驅動

液壓驅動是以高壓油作為工作介質。驅動可以是閉環的或是開環的，可以是直線的或是旋轉的。開環控制能實現點到點的精確控制，但中間不能停留，因為它從一個位置運動，碰到一個擋塊後才停下來。

（1）直線液壓缸

用電磁閥控制的直線液壓缸是最簡單和最便宜的開環液壓驅動裝置。在直線液壓缸的操作中，通過受控節流口調節流量，可以在達到運動終點前實現減速，使停止過程得到控制。也有許多設備是用手動閥控制，在這種情況下，操作員就成了閉環系統中的一部分，因而不再是一個開環系統。汽車起重機和鏟車就是這種類型。

大直徑的液壓缸是很貴的，但能在小空間內輸出很大的力。工作壓力通常達 14MPa，所以 $1cm^2$ 面積就可輸出 1400N 的力。

圖 2-2 是用伺服閥控制的液壓缸的簡化原理圖。無論是直線液壓缸或旋轉液壓馬達，它們的工作原理都是基於高壓對活塞或對葉片的作用。液壓油經控制閥被送到液壓缸的一端，見圖 2-2。在開環系統中，閥是由電磁鐵來控制的；在閉環系統中，則是用電液伺服閥或手動閥來控制液壓缸。Unimation 機器人使用液壓驅動已有多年。

（2）旋轉液壓馬達

圖 2-3 是一種旋轉液壓馬達。它的殼體用鋁合金制成，轉子是鋼製的，密封圈和防塵圈分別防止油的外泄和保護軸承。在電液閥的控制下，液壓油經進油孔流入，並作用於固定在轉子上的葉片上，使轉子轉動。固定葉片防止液壓油短路。通過一對消隙齒輪帶動的電位器和一個解算器給出位置資訊。電位器給出粗略值，精確位置由解算器測定。這樣，解算器的高精度小量程就由低精度大量程的電位器予以補償。當然，整體精度不會超過驅動電位器和解算器的齒輪系的精度。

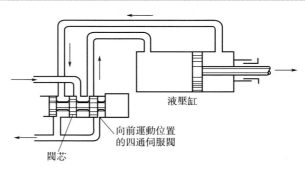

圖 2-2　用伺服閥控制的液壓缸的簡化原理圖

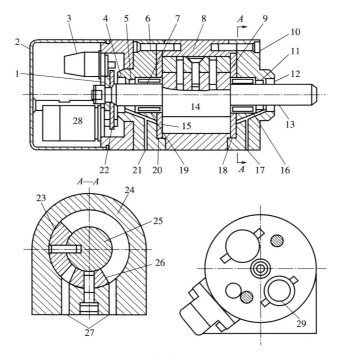

圖 2-3　旋轉液壓馬達

1,22—齒輪；2—防塵罩；3,29—電位器；4,12—防塵圈；5,11—密封圈；6,10—端蓋；
7,13—輸出軸；8,24—殼體；9,15—鋼盤；14,25—轉子；16,19—滾針軸承；17,21—泄
油孔；18,20—O 形密封圈；23—轉動葉片；26—固定葉片；27—進出油孔；28—解算器

（3）液壓驅動的優缺點

用於控制液流的電液伺服閥相當昂貴，而且需要經過過濾的高潔淨

度油，以防止伺服閥堵塞。使用時，電液伺服閥是用一個小功率的電氣伺服裝置（力矩電動機）驅動的。力矩電動機比較便宜，但並不能彌補伺服閥本身的昂貴，也不能彌補系統汙染這一缺陷。由於壓力高，總是存在漏油的危險，14MPa 的壓力可迅速用油膜覆蓋很大面積，所以這是一個必須重視的問題。這樣導致，所需管件昂貴，並需要良好的維護，以保證其可靠性。

由於液壓缸提供了精確的直線運動，所以在機器人上盡可能使用直線驅動元件。然而液壓馬達的結構設計也很精良，儘管其價格要高一些，同樣功率的液壓馬達要比電動機尺寸小，如關節式機器人的關節上通常裝有液壓馬達就是該優點的利用。但為此卻要把液壓油送到回轉關節上。目前新設計的電動機尺寸已變得緊湊，質量也減小，這是因為用了新的磁性材料。儘管較貴，但電動機還是更可靠些，而且維護工作量小。

液壓驅動超過電動機驅動的根本優點是它的安全性。在像噴漆這樣的環境中，安全性的要求非常嚴格。因為存在著電弧和引爆的可能性，要求在易爆區域中所帶電壓不超過 9V，液壓系統不存在電弧問題，而且在用於易爆氣體中時，總是選用液壓驅動。如採用電動機，就要密封，但目前電動機的成本和質量對需要這種功率的情況是不允許的。

2.2.2　氣壓驅動

有不少機器人製造企業採用氣動系統製造了很靈活的機器人。在原理上，它們很像液壓驅動，但細節差別很大。它的工作介質是高壓空氣。在所有的驅動方式中，氣壓驅動是最簡單的，在工業上應用很廣。氣動執行元件既有直線氣缸，也有旋轉氣動馬達。

多數的氣壓驅動是完成擋塊間的運動。由於空氣的可壓縮性，實現精確控制是困難的。即使將高壓空氣施加到活塞的兩端，活塞和負載的慣性仍會使活塞繼續運動，直到它碰到機械擋塊，或者空氣壓力最終與慣性力平衡為止。

用氣壓伺服實現高精度是困難的，但在能滿足精度的場合下，氣壓驅動在所有的機器人驅動器中是質量最輕、成本最低的。可以用機械擋塊實現點位操作中的精確定位，很容易達到 0.12mm 的精度。氣缸與擋塊相加的緩衝器可以使氣缸在運動終點減速，以防止碰壞設備。操作簡單是氣動系統的主要優點之一。氣動系統操作簡單、易於編程，可以完

成大量點位搬運操作的任務。點位搬運是指從一個地點抓起一件東西，移動到另一指定地點放下來。

　　一種新型的氣動馬達——用微處理器直接控制的一種葉片馬達，能攜帶 215.6N 的負載而又獲得較高的定位精度（1mm）。這一技術的主要優點是成本低。與液壓驅動和電動機驅動的機器人相比，如能達到高精度、高可靠性，氣壓驅動是很富有競爭力的。

　　氣壓驅動的最大優點是有積木性。由於工作介質是空氣，很容易給各個驅動裝置接上許多壓縮空氣管道，並利用標準構件組建起各種複雜的系統。

　　氣動系統的動力由高品質的空氣壓縮機提供。這個氣源可經過一個公用的多路接頭為所有的氣動模組所共享。安裝在多路接頭上的電磁閥控制通向各個氣動元件的氣流量。在最簡單的系統中，電磁閥由步進開關或零件感測開關所控制。可將幾個執行元件進行組裝，以提供 3～6 個單獨的運動。

　　氣動機器人也可像其他機器人一樣示教，點位操作可用示教盒控制。

2.2.3　電氣驅動

　　電氣驅動是利用電動機產生的力或力矩，直接或經過減速機構驅動機器人，以達到機器人要求的位置、速度和加速度。電氣驅動不需要能量轉換，使用方便，具有無環境汙染、控制靈活、運動精度高、成本低、驅動效率高等優點，應用最為廣泛。電氣驅動可以分為步進電機驅動、直線電機驅動和伺服電機驅動。

　　步進電機驅動的速度和位移大小，可由電氣控制系統發出的脈衝數加以控制。由於步進電機的位移量與脈衝數嚴格成正比，故步進電機驅動可以達到較高的重複定位精度，但是步進電機速度不能太高，控制系統也比較複雜。

　　直線電機驅動的結構簡單、成本低，其動作速度與行程主要取決於其定子與轉子的長度，反接制動時，定位精度較低，必須增設緩衝及定位機構。

　　伺服電機驅動按其使用的電源性質不同，可分為直流伺服電機驅動和交流伺服電機驅動兩類。直流伺服電機具有調速特性良好、啓動轉矩較大、響應快速等優點。交流伺服電機結構簡單、運行可靠、維護方便。隨著微電子技術的迅速發展，過去主要用於恆速運轉的交流驅動技術，在 1990 年代逐步取代高性能的直流驅動，使得機器人的伺服執行機構的

最高速度、容量、使用環境及維護修理等條件得到大幅度改善，從而實現了機器人對伺服電機的輕薄短小、安裝方便、高效率、高控制性能、無維修的要求。機器人採用的交流伺服電機與直流伺服電機的構造基本上是相同的，不同點僅是整流子部分。直流有刷電機不能直接用於要求防爆的環境中，成本也較上兩種驅動系統的高。但因這類驅動系統優點比較突出，因此在機器人中被廣泛選用。

2.2.4　新型驅動

隨著機器人技術的發展，出現了新型的驅動器，如壓電驅動器、靜電驅動器、形狀記憶合金驅動器、超音波驅動器、人工肌肉、光驅動等。

（1）壓電驅動器

壓電材料是一種當它受到力作用時其表面上出現與外力成比例電荷的材料，又稱壓電陶瓷。反過來，把電場加到壓電材料上，則壓電材料產生應變，輸出力。利用這一特性可以製成壓電驅動器，這種驅動器可以達到驅動亞微米級的精度。

（2）靜電驅動器

靜電驅動器利用電荷間的吸力和排斥力互相作用順序驅動電極而產生平移或旋轉的運動。因靜電作用屬於表面力，它和元件尺寸的二次方成正比，在微小尺寸變化時，能夠產生很大的能量。

（3）形狀記憶合金驅動器

形狀記憶合金是一種特殊的合金，一旦使它記憶了任意形狀，即使它變形，當加熱到某一適當溫度時，它也能恢復為變形前的形狀。已知的形狀記憶合金有 Au-Cd、In-Tl、Ni-Ti，Cu-Al-Ni、Cu-Zn-Al 等幾十種。

（4）超音波驅動器

所謂超音波驅動器就是將超音波振動作為驅動力的一種驅動器，即由振動部分和移動部分所組成，靠振動部分和移動部分之間的摩擦力來驅動的一種驅動器。

由於超音波驅動器沒有鐵芯和線圈，結構簡單、體積小、重量輕、響應快、力矩大，不需要配合減速裝置就可以低速運行，因此很適合用於機器人、照相機和攝影機等驅動。

（5）人工肌肉

隨著機器人技術的發展，驅動器從傳統的電機-減速器的機械運動機

制，向骨架→腱→肌肉的生物運動機制發展。人的手臂能完成各種柔順作業，為了實現骨骼→肌肉的部分功能而研製的驅動裝置稱為人工肌肉驅動器。為了更好地模擬生物體的運動功能或在機器人上應用，已研製出了多種不同類型的人工肌肉，如利用機械化學物質的高分子凝膠、形狀記憶合金製作的人工肌肉。

(6) 光驅動

某種強電介質（嚴密非對稱的壓電性結晶）受光照射，會產生每公分幾千伏的光感應電壓。這種現象是壓電效應和光致伸縮效應的結果。這是電介質內部存在不純物，導致結晶嚴密不對稱，在光激勵過程中引起電荷移動而產生的。

2.3 常見傳動機構

傳動機構用來把驅動器的運動傳遞到關節和動作部位。機器人常用的傳動機構有絲槓傳動機構、齒輪傳動機構、螺旋傳動機構、帶傳動及鏈傳動、連桿及凸輪傳動等。

2.3.1 直線傳動機構

(1) 絲槓傳動

絲槓傳動有滑動式、滾珠式和靜壓式等。機器人傳動用的絲槓具備結構緊湊、間隙小和傳動效率高等特點。

① 滾珠絲槓　絲槓和螺母之間裝了很多鋼球，絲槓或螺母運動時鋼球不斷循環，運動得以傳遞。因此，即使絲槓的導程角很小，也能得到90％以上的傳動效率。

滾珠絲槓可以把直線運動轉換成回轉運動，也可以把回轉運動轉換成直線運動。滾珠絲槓按鋼球的循環方式分為鋼球管外循環方式、靠螺母內部 S 狀槽實現鋼球循環的內循環方式和靠螺母上部導引板實現鋼球循環的導引板方式，如圖 2-4 所示。

由絲槓轉速和導程得到的直線進給速度為

$$v = 60ln \qquad (2\text{-}1)$$

式中，v 為直線運動速度，m/s；l 為絲槓的導程，m；n 為絲槓的轉速，r/min。

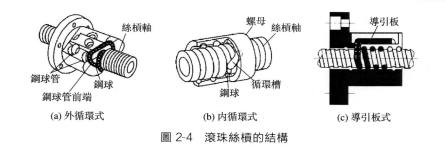

(a) 外循環式 　　　　 (b) 內循環式 　　　　 (c) 導引板式

圖 2-4　滾珠絲槓的結構

驅動力矩由式(2-2) 和式(2-3) 給出：

$$T_a = \frac{F_a l}{2\pi\eta_1} \qquad (2-2)$$

$$T_b = \frac{F_a l \eta_2}{2\pi} \qquad (2-3)$$

式中，T_a 為回轉運動變換到直線運動（正運動）時的驅動力矩，N・m；η_1 為正運動時的傳動效率（0.9～0.95）；T_b 為直線運動變換到回轉運動（逆運動）時的驅動力矩，N・m；η_2 為逆運動時的傳動效率（0.9～0.95）；F_a 為軸向載荷，N；l 為絲槓的導程，m。

② 行星輪式絲槓　多用於精密機床的高速進給，從高速性和高可靠性來看，也可用於大型機器人的傳動，其原理如圖 2-5 所示。螺母與絲槓軸之間有與絲槓軸嚙合的行星輪，裝有7～8套行星輪的系桿可在螺母內自由回轉，行星輪的中部有與絲槓軸嚙合的螺紋，其兩側有與內齒輪嚙合的齒。將螺母固定，驅動絲槓軸，行星輪便邊自轉邊相對於內齒輪公轉，並使絲槓軸沿軸向移動。行星輪式絲槓具有承載能力大、剛度高和回轉精度高等優點，由於採用了小螺距，因而絲槓定位精度也高。

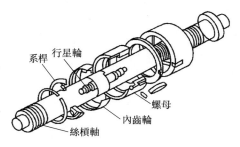

圖 2-5　行星輪式絲槓

（2）帶傳動與鏈傳動

帶傳動和鏈傳動用於傳遞平行軸之間的回轉運動，或把回轉運動轉換成直線運動。機器人中的帶傳動和鏈傳動分別通過帶輪或鏈輪傳遞回轉運動，有時還用來驅動平行軸之間的小齒輪。

① 齒形帶傳動　齒形帶的傳動面上有與帶輪嚙合的梯形齒，如圖 2-6 所示。齒形帶傳動時無滑動，初始張力小，被動軸的軸承不易過載。因無滑動，它除了用於動力傳動外還適用於定位。齒形帶採用氯丁橡膠作基材，並在中間加入玻璃纖維等伸

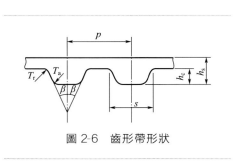

圖 2-6　齒形帶形狀

縮剛性大的材料，齒面上覆蓋耐磨性好的尼龍布。用於傳遞輕載荷的齒形帶是用聚氨基甲酸酯製造的。齒的節距用 p 來表示，表示方法有模數法和英寸法。各種節距的齒形帶有不同規格的寬度和長度。設主動輪和被動輪的轉速分別為 n_a 和 n_b，齒數分別為 z_a 和 z_b，齒形帶傳動的傳動比為

$$i = \frac{n_b}{n_a} = \frac{z_a}{z_b} \qquad (2\text{-}4)$$

齒形帶的平均速度為

$$v = z_a p n_a = z_b p n_b \qquad (2\text{-}5)$$

齒形帶的傳動功率為

$$P = Fv \qquad (2\text{-}6)$$

式中，P 為傳動功率，W；F 為緊邊張力，N；v 為傳動帶速度，m/s。

齒形帶傳動屬於低慣性傳動，適合於電機和高速比減速器之間使用。傳動帶上面安裝上滑座可實現與齒輪齒條機構同樣的功能。由於它慣性小，且有一定的剛度，所以適合於高速運動的輕型滑座。

② 滾子鏈傳動　屬於比較完善的傳動機構，由於噪音小、效率高，得到了廣泛的應用。但是，高速運動時滾子與鏈輪之間的碰撞，產生較大的噪音和振動，只有在低速時才能得到滿意的效果，即適合於低慣性載荷的關節傳動。鏈輪齒數少，摩擦力會增加，要得到平穩運動，鏈輪的齒數應大於 17，並盡量採用奇數個齒。

2.3.2　旋轉運動機構

（1）齒輪的種類

　　齒輪靠均勻分布在輪邊上的齒的直接接觸來傳遞轉矩。通常，齒輪的角速度比和軸的相對位置都是固定的。因此，輪齒以接觸柱面為節面，等間隔地分布在圓周上。隨軸的相對位置和運動方向的不同，齒輪有多種類型，其中主要的類型如圖 2-7 所示。

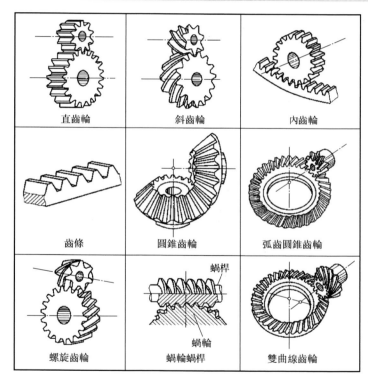

圖 2-7　齒輪的類型

（2）各種齒輪的結構及特點

　　① 直齒輪　是最常用的齒輪之一。通常，齒輪兩齒嚙合處的齒面之間存在間隙，稱為齒隙（見圖 2-8）。為彌補齒輪製造誤差和齒輪運動中溫升引起的熱膨脹的影響，要求齒輪傳動有適當的齒隙，但頻繁正反轉的齒輪齒隙應限制在最小範圍之內。齒隙可通過減小齒厚或拉大中心距來調整。無齒隙的齒輪嚙合叫無齒隙嚙合。

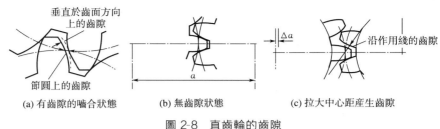

(a) 有齒隙的嚙合狀態　　(b) 無齒隙狀態　　(c) 拉大中心距產生齒隙

圖 2-8　直齒輪的齒隙

　　② 斜齒輪　如圖 2-9 所示，斜齒輪的齒帶有扭曲。它與直齒輪相比具有強度高、重疊係數大和噪音小等優點。斜齒輪傳動時會產生軸向力，所以應採用止推軸承或成對地布置斜齒輪，如圖 2-10 所示。

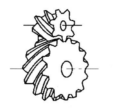

(a) 斜齒輪的立體圖　　　(b) 斜齒輪的簡化畫法

圖 2-9　斜齒輪

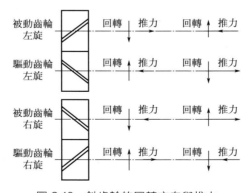

圖 2-10　斜齒輪的回轉方向與推力

　　③ 錐齒輪　用於傳遞相交軸之間的運動，以兩軸相交點為頂點的兩圓錐面為嚙合面，如圖 2-11 所示。齒向與節圓錐直母線一致的稱直齒錐齒輪，齒向在節圓錐切平面內呈曲線的稱弧齒錐齒輪。直齒錐齒輪用於

節圓圓周速度低於 5m/s 的場合，弧齒錐齒輪用於節圓圓周速度大於 5m/s 或轉速高於 1000r/min 的場合，還用在要求低速平滑回轉的場合。

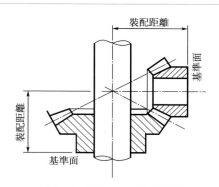

圖 2-11　錐齒輪的嚙合狀態

④ 蝸輪蝸桿　該傳動裝置由蝸桿和與蝸桿相嚙合的蝸輪組成。蝸輪蝸桿能以大減速比傳遞垂直軸之間的運動。鼓形蝸輪用在大負荷和大重疊係數的場合。蝸輪蝸桿傳動與其他齒輪傳動相比，具有噪音小、回轉輕便和傳動比大等優點，缺點是其齒隙比直齒輪和斜齒輪大，齒面之間摩擦大，因而傳動效率低。

　　基於上述各種齒輪的特點，齒輪傳動可分為如圖 2-12 所示的類型。根據主動軸和被動軸之間的相對位置和轉向可選用相應的類型。

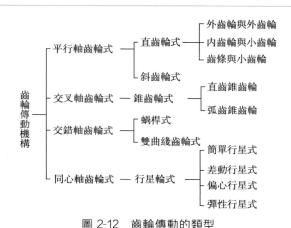

圖 2-12　齒輪傳動的類型

（3）齒輪傳動機構的速比

① 最佳速比　輸出力矩有限的原動機要在短時間內加速負載，要求

其齒輪傳動機構的速比為最佳。原動機驅動慣性載荷，設其慣性矩分別為 J_N 和 J_L，則最佳速比為

$$U_a = \sqrt{\frac{J_L}{J_N}} \tag{2-7}$$

② 傳動級數及速比的分配　要求大速比時應採用多級傳動。傳動級數和速比分配是根據齒輪的種類、結構和速比關係來確定的。通常的傳動級數與速比關係如圖 2-13 所示。

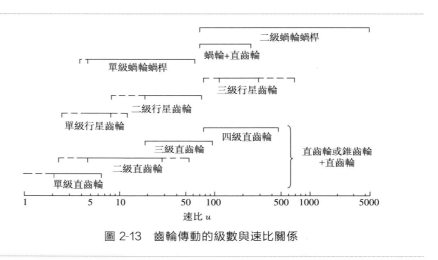

圖 2-13　齒輪傳動的級數與速比關係

2.3.3　減速傳動機構

機器人中常用的齒輪傳動機構是行星齒輪傳動機構和諧波傳動機構。電動機是高轉速、小力矩的驅動器，而機器人通常要求低轉速、大力矩，因此，常用行星齒輪機構和諧波傳動機構減速器來完成速度和力矩的變換與調節。

輸出力矩有限的原動機要在短時間內加速負載，要求其齒輪傳動機構的速比 n 為最佳，即

$$n = \sqrt{\frac{I_a}{I_m}} \tag{2-8}$$

式中，I_a 為工作臂的慣性矩；I_m 為電機的慣性矩。

（1）行星齒輪傳動機構

行星齒輪減速器大體上分為 S-C-P、3S（3K）、2S-C（2K-H）3 類，結構如圖 2-14 所示。

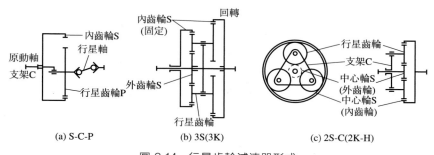

圖 2-14　行星齒輪減速器形式

① S-C-P(K-H-V) 式行星齒輪減速器　S-C-P 由內齒輪、行星齒輪和行星齒輪支架組成。行星齒輪的中心和內齒輪中心之間有一定偏距，僅部分齒參加嚙合。曲柄軸與輸入軸相連，行星齒輪繞內齒輪邊公轉邊自轉。行星齒輪公轉一周時，行星齒輪反向自轉的轉數取決於行星齒輪和內齒輪之間的齒數差。

行星齒輪為輸出軸時傳動比為

$$i = \frac{Z_s - Z_p}{Z_p} \tag{2-9}$$

式中，Z_s 為內齒輪（太陽齒輪）的齒數；Z_p 為行星齒輪的齒數。

② 3S 式行星齒輪減速器　其行星齒輪與兩個內齒輪同時嚙合，還繞中心輪（外齒輪）公轉。兩個內齒輪中，固定一個時另一個齒輪可以轉動，並可與輸出軸相連接。這種減速器的傳動比取決於兩個內齒輪的齒數差。

③ 2S-C 式行星齒輪減速器　2S-C 式由兩個中心輪（外齒輪和內齒輪）、行星齒輪和支架組成。內齒輪和外齒輪之間夾著 2～4 個相同的行星齒輪，行星齒輪同時與外齒輪和內齒輪嚙合。支架與各行星齒輪的中心相連接，行星齒輪公轉時迫使支架繞中心輪軸回轉。

上述行星齒輪機構中，若內齒輪的齒數 Z_s 和行星齒輪的齒數 Z_p 之差為 1，可得到最大減速比 $i = 1/Z_p$，但容易產生齒頂的相互干涉，這個問題可由下述方法解決：利用圓弧齒形或鋼球；齒數差設計成 2；行星齒輪採用可以彈性變形的薄橢圓狀（諧波傳動）。

（2）諧波傳動機構

諧波減速器由諧波發生器、柔輪和剛輪 3 個基本部分組成，如圖 2-15 所示。

① 諧波發生器　是在橢圓形凸輪的外周嵌入薄壁軸承製成的部件。軸承內圈固定在凸輪上，外圈靠鋼球發生彈性變形，一般與輸入軸相連。

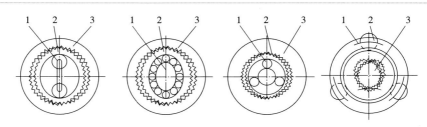

(a)雙波觸頭式內發生器　(b)雙波凸輪薄壁軸承　(c)三波行星式內發生器 (d)三波行星式外發生器
　　　　　　　　　　　　　　　　　　　　　　　　　　式內發生器

圖 2-15　諧波傳動機構的組成和類型
1—諧波發生器；2—柔輪；3—剛輪

② 柔輪　是杯狀薄壁金屬彈性體，杯口外圓切有齒，底部稱柔輪底，用來與輸出軸相連。

③ 剛輪　內圓有很多齒，齒數比柔輪多兩個，一般固定在殼體。

諧波發生器通常採用凸輪或偏心安裝的軸承。剛輪為剛性齒輪，柔輪為能産生彈性變形的齒輪。當諧波發生器連續旋轉時，産生的機械力使柔輪變形的過程形成了一條基本對稱的和諧曲線。發生器波數表示發生器轉一周時，柔輪某一點變形的循環次數。其工作原理是：當諧波發生器在柔輪內旋轉時，迫使柔輪發生變形，同時進入或退出剛輪的齒間。在發生器的短軸方向，剛輪與柔輪的齒間處於嚙入或嚙出的過程，伴隨著發生器的連續轉動，齒間的嚙合狀態依次發生變化，即嚙入—嚙合—嚙出—脫開—嚙入的變化過程。這種錯齒運動把輸入運動變為輸出的減速運動。

諧波傳動速比的計算與行星傳動速比計算一樣。如果剛輪固定，諧波發生器 ω_1 為輸入，柔輪 ω_2 為輸出，則速比 $i_{12} = \dfrac{\omega_1}{\omega_2} = -\dfrac{z_r}{z_g - z_r}$。如果柔輪靜止，諧波發生器 ω_1 為輸入，剛輪 ω_3 為輸出，則速比 $i_{13} = \dfrac{\omega_1}{\omega_3} = \dfrac{z_g}{z_g - z_r}$。其中，$z_r$ 為柔輪齒數；z_g 為剛輪齒數。

柔輪與剛輪的輪齒齒距相等，齒數不等，一般取雙波發生器的齒數差為 2，三波發生器齒數差為 3。雙波發生器在柔輪變形時所産生的應力小，容易獲得較大的傳動比。三波發生器在柔輪變形時所需要的徑向力大，具有同時嚙合齒數多、嚙合深度大、承載能力強、運動精度高等優點。通常推薦諧波傳動柔輪最小齒數在齒數差為 2 時，$z_{rmin} = 150$，齒數

差為 3 時，$z_{r\min} = 225$。

　　諧波傳動的特點是結構簡單、體積小、質量輕、傳動精度高、承載能力大、傳動比大，且具有高阻尼特性。但柔輪易疲勞、扭轉剛度低，且易産生振動。

　　此外，也有採用液壓靜壓波發生器和電磁波發生器的諧波傳動機構，圖 2-16 為採用液壓靜壓波發生器的諧波傳動示意圖。凸輪 1 和柔輪 2 之間不直接接觸，在凸輪 1 上的小孔 3 與柔輪內表面有大約 0.1mm 的間隙。高壓油從小孔 3 噴出，使柔輪産生變形波，從而實現減速驅動諧波傳動。

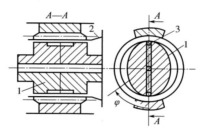

圖 2-16　液壓靜壓波發生器諧波傳動

1—凸輪；2—柔輪；3—小孔

　　諧波傳動機構在機器人中已得到廣泛應用。美國送到月球上的機器人，德國大眾汽車公司研製的 Rohren、Gerot R30 型機器人和法國雷諾公司研製的 Vertical 80 型等機器人都採用了諧波傳動機構。

2.4　機械臂

　　機械臂是支撐腕部和末端執行器，用來改變末端執行器在空間中位置的部件。其結構形式需要根據機器人的抓取重量、運動形式、定位精度、自由度等因素來確定。機械臂的主要運動形式有伸縮、俯仰、回轉、升降等，而實現其運動的典型機構如下。

　　（1）伸縮運動機構

　　機械臂的伸縮運動使其手臂的工作長度發生變化，而實現其運動的常用機構有活塞液壓（氣）缸、絲槓螺母機構、活塞缸和齒輪齒條機構、活塞缸和連桿機構等。

　　活塞液壓（氣）缸的體積小、重量輕，因而在機械臂結構中應用比

較多。圖 2-17 為雙導向桿機械臂的伸縮結構。手臂和手腕通過連接板安裝在升降液壓缸的上端。當雙作用液壓缸 1 的兩腔分別通入壓力油時，則推動活塞桿 2（即手臂）做往復直線運動。由於機械臂的伸縮液壓缸安裝在兩根導向桿之間，由導向桿承受彎曲作用，活塞桿只受拉壓作用，故受力簡單、傳動平穩、外形整齊美觀、結構緊湊。圖 2-18 是採用四根導向柱的機械臂伸縮結構。手臂的垂直伸縮運動由液壓缸 3 驅動。其特點是行程長、抓重大。工件形狀不規則時，為了防止產生較大的偏重力矩，採用四根導向柱。

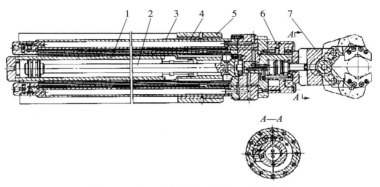

圖 2-17　雙導向桿機械臂的伸縮結構

1—雙作用液壓缸；2—活塞桿；3—導向桿；4—導向套；5—支承座；6—手腕；7—手部

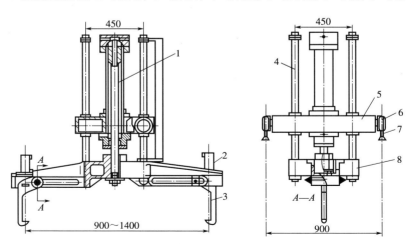

圖 2-18　四導向柱式機械臂伸縮機構

1—手部；2—夾緊缸；3—液壓缸；4—導向柱；5—運行架；
6—行走車輪；7—軌道；8—支座

（2）俯仰運動機構

機械臂的俯仰運動一般採用活塞液壓缸與連桿機構來實現。圖 2-19 為機械臂俯仰驅動缸安裝示意圖，機械臂俯仰運動用的活塞缸位於手臂的下方，其活塞桿和手臂用鉸鏈連接，缸體採用尾部耳環或中部銷軸等方式與立柱連接。圖 2-20 是鉸接活塞缸實現機械臂俯仰的結構示意圖。其採用鉸接活塞缸 5、7 和連桿機構，實現小臂 4 和大臂 6 的俯仰運動。

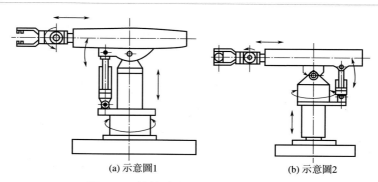

(a) 示意圖1　　　　　　　　(b) 示意圖2

圖 2-19　機械臂俯仰驅動缸安裝示意圖

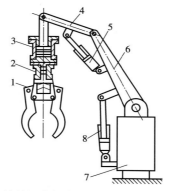

圖 2-20　鉸接活塞缸實現機械臂俯仰的結構示意圖

1—手臂；2—夾緊缸；3—升降缸；4—小臂；5,7—鉸接活塞缸；6—大臂；8—立柱

（3）回轉和升降運動機構

回轉運動是指機器人繞鉛錘軸的轉動。這種運動決定了機器人的手臂所能到達的角度位置。實現機械臂升降和回轉運動的常用機構有葉片式回轉缸、齒輪傳動機構、鏈輪傳動機構、連桿機構等。回轉缸與升降缸單獨驅動，適用於升降行程短而回轉角度小於 360° 的情況。圖 2-21 是

採用升降缸和齒輪齒條傳動結構來實現機械臂升降和回轉運動的示意圖，圖中齒輪齒條機構是通過齒條的往復運動，帶動與機械臂連接的齒輪做往復回轉運動，從而實現機械臂的回轉運動。帶動齒條往復移動的活塞缸可以由壓力油或壓縮氣體驅動。活塞液壓缸兩腔分別進壓力油，推動齒條 7 做往復移動（見 A—A 剖面），與齒條 7 嚙合的齒輪 4 即做往復回轉運動。由於齒輪 4、手臂升降缸體 2、連接板 8 均用螺釘連接成一體，連接板又與手臂固連，從而實現手臂的回轉運動。升降液壓缸的活塞桿通過連接蓋 5 與機座 6 連接而固定不動，手臂升降缸體 2 沿導向套 3 做上下移動，因升降液壓缸外部裝有導向套，所以剛性好、傳動平穩。

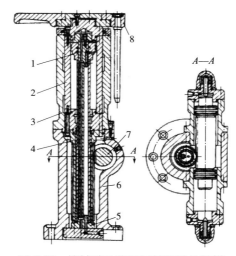

圖 2-21 機械臂升降和回轉運動的結構

1—活塞桿；2—手臂升降缸體；3—導向套；4—齒輪；5—連接蓋；6—機座；7—齒條；8—連接板

2.5 機械手

機器人技術發展到智慧化階段，機械手從工業機器人用於搬運物品、組裝零件、焊接、噴漆等，已經發展得越來越靈巧，能完成海底救援、握筆寫字、彈奏樂器、抓起雞蛋等精細複雜的工作。

模仿人手的機器人多指靈巧手能夠提高機械手的操作能力、靈活性和快速反應能力，使機器人能像人手那樣進行各種複雜的作業。多指靈巧手有多個手指，每個手指有 3 個回轉關節，每個關節的自由度都是獨

立控制的。因此，它能模仿人手指完成各種複雜的動作，如寫字、彈鋼琴等動作。圖 2-22～圖 2-24 分別為三指、四指和五指靈巧手。通常，多指靈巧手部配置力覺、視覺、觸覺、溫度等感測器，不僅可以應用在抓取各種異形物件，進行各種仿人操作的領域，也可以應用於各種極限環境下完成人無法實現的操作，如太空、災難救援等領域。圖 2-25 給出了五指靈巧手的多種應用場景舉例，它們可以抓取各種異形物件，並進行各種仿人操作。圖 2-26 介紹了靈巧手與 3D 視覺感測器及力覺感測器進行集成應用的例子。

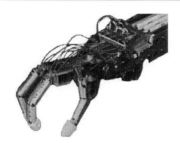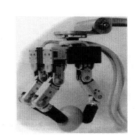

圖 2-22　三指靈巧手

圖 2-23　四指靈巧手

圖 2-24　五指靈巧手

圖 2-25　五指靈巧手應用場景舉例

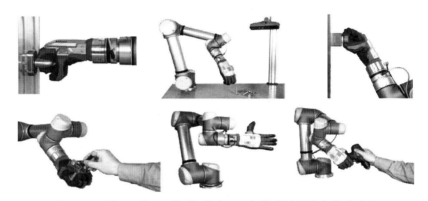

圖 2-26　靈巧手與 3D 視覺感測器及力覺感測器進行集成應用

2.6　常見移動機構

　　移動機器人的移動機構形式主要有：車輪式移動機構、履帶式移動機構、腿足式移動機構。此外，還有步進式移動機構、蠕動式移動機構、混合式移動機構和蛇行式移動機構等，適合於不同的場合。

2.6.1　車輪式移動機構

　　車輪式移動機構可按車輪數來分類。

（1）兩輪車

人們把非常簡單、便宜的腳踏車或兩輪摩托車用在機器人上的試驗

很早就進行了。但是人們很容易地就認識到兩輪車的速度、傾斜等物理量精度不高，而進行機器人化，所需簡單、便宜、可靠性高的感測器也很難獲得。此外，兩輪車制動時以及低速行走時也極不穩定。圖 2-27 是裝備有陀螺儀的兩輪車。人們在駕駛兩輪車時，依靠手的操作和重心的移動才能穩定地行駛，這種陀螺兩輪車，把與車體傾斜成比例的力矩作用在軸係上，利用陀螺效應使車體穩定。

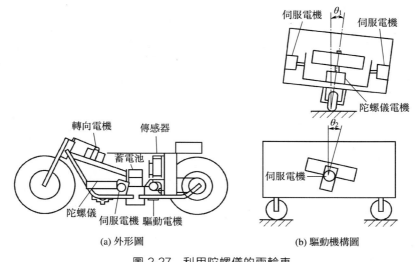

(a) 外形圖　　　(b) 驅動機構圖

圖 2-27　利用陀螺儀的兩輪車

（2）三輪車

三輪移動機構是車輪型機器人的基本移動機構，其原理如圖 2-28 所示。

圖 2-28(a) 是後輪用兩輪獨立驅動，前輪用小腳輪構成的輔助輪組合而成。這種機構的特點是機構組成簡單，而且旋轉半徑可從零到無限大，任意設定。但是它的旋轉中心是在連接兩驅動軸的連線上，所以旋轉半徑即使是零，旋轉中心也與車體的中心不一致。

圖 2-28(b) 中的前輪由操舵機構和驅動機構合併而成。與圖 2-28(a) 相比，操舵和驅動的驅動器都集中在前輪部分，所以機構複雜，其旋轉半徑可以從零到無限大連續變化。

圖 2-28(c) 是為避免圖 2-28(b) 所示機構的缺點，通過差動齒輪進行驅動的方式。近來不再用差動齒輪，而採用左右輪分別獨立驅動的方法。

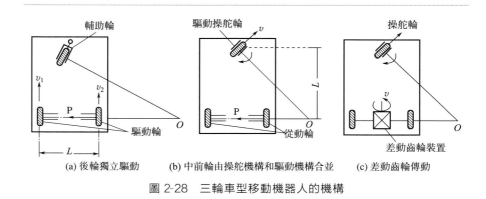

(a) 後輪獨立驅動　　　(b) 中前輪由操舵機構和驅動機構合並　　(c) 差動齒輪傳動

圖 2-28　三輪車型移動機器人的機構

(3) 四輪車

四輪車的驅動機構和運動基本上與三輪車相同。圖 2-29(a) 是兩輪獨立驅動，前後帶有輔助輪的方式。與圖 2-28(a) 相比，當旋轉半徑為零時，由於能繞車體中心旋轉，所以有利於在狹窄場所改變方向。圖 2-29(b) 是汽車方式，適合於高速行走，穩定性好。

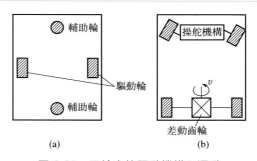

(a)　　　　　　　(b)

圖 2-29　四輪車的驅動機構和運動

根據使用目的不同，還有使用六輪驅動車和車輪直徑不同的車輪式移動機構，也有的提出利用具有柔性機構車輛的方案。圖 2-30 是火星探測用的小漫遊車的例子，它的輪子可以根據地形上下調整高度，提高其穩定性，適合在火星表面作業。

(4) 全方位移動車

前面的車輪式移動機構基本是二自由度的，因此不可能簡單地實現車體任意的定位和定向。機器人的定位，用四輪構成的車可通過控制各輪的轉向角來實現。全方位移動機構能夠在保持機體方位不變的前提下

沿平面上任意方向移動。有些全方位車輪機構除具備全方位移動能力外，還可以像普通車輛那樣改變機體方位。由於這種機構的靈活操控性能，特別適合於窄小空間（通道）中的移動作業。

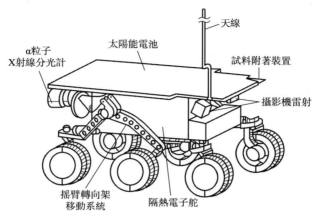

圖 2-30　火星探測用小漫遊車

　　圖 2-31 是一種全輪偏轉式全方位移動機構的傳動原理圖。行走電機 M_1 運轉時，通過蝸桿蝸輪副 5 和錐齒輪副 2 帶動車輪 1 轉動。當轉向電機 M_2 運轉時。通過另一對蝸桿蝸輪副 6 和齒輪副 3 帶動車輪支架 4 適當偏轉。當各車輪採取不同的偏轉組合，並配以相應的車輪速度後，便能夠實現如圖 2-32 所示的不同移動方式。

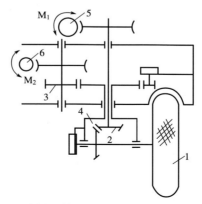

圖 2-31　全輪偏轉式全方位移動機構傳動原理圖
1—車輪；2—錐齒輪副；3—齒輪副；4—車輪支架；5,6—蝸輪蝸桿副

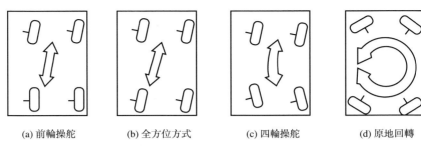

(a) 前輪操舵　　(b) 全方位方式　　(c) 四輪操舵　　(d) 原地回轉

圖 2-32　全輪偏轉全方位車輛的移動方式

　　應用更為廣泛的全方位四輪移動機構採用一種稱為麥卡納姆輪（Mecanum weels）的新型車輪。圖 2-33(a) 所示為麥卡納姆車輪的外形，這種車輪由兩部分組成，即主動的輪轂和沿輪轂外緣按一定方向均勻分布著的多個被動輥子。當車輪旋轉時，輪芯相對於地面的速度 v 是輪轂速度 v_h 與輥子滾動速度 v_r 的合成，v 與 v_h 有一個偏離角 θ，如圖 2-33(b) 所示。由於每個車輪均有這個特點，經適當組合後就可以實現車體的全方位移動和原地轉向運動，見圖 2-34。

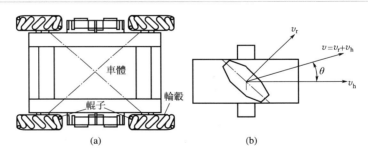

圖 2-33　麥卡納姆車輪及其速度合成

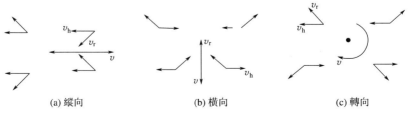

(a) 縱向　　　　　　(b) 橫向　　　　　　(c) 轉向

圖 2-34　麥卡納姆車輛的速度配置和移動方式

2.6.2 履帶式移動機構

履帶式移動機構為無限軌道方式，其最大特徵是將圓環狀的無限軌道履帶卷繞在多個車輪上，使車輪不直接與路面接觸。利用履帶可以緩衝路面狀態，因此該機構可以在各種路面條件下行走。

履帶式移動機構與輪式移動機構相比，有如下特點。

① 支承面積大，接地壓力小。適合於鬆軟或泥濘場地進行作業，下陷度小，滾動阻力小，通過性能較好。

② 越野機動性好，爬坡、越溝等性能均優於輪式移動機構。

③ 履帶支承面上有履齒，不易打滑，牽引附著性能好，有利於發揮較大的牽引力。

④ 結構複雜，重量大，運動慣性大，減振性能差，零件易損壞。

常見的履帶傳動機構有曳引機、坦克等，這裡介紹幾種特殊的履帶結構。

(1) 卡特彼勒（Caterpillar）高架鏈輪履帶機構

高架鏈輪履帶機構是美國卡特彼勒公司開發的一種非等邊三角形構型的履帶機構，將驅動輪高置，並採用半剛性懸掛或彈件懸掛裝置，如圖 2-35 所示。

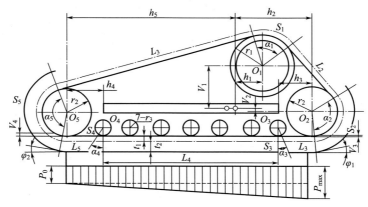

圖 2-35　高架鏈輪履帶機構示意圖

與傳統的履帶行走機構相比，高架鏈輪彈性懸掛行走機構具有以下特點。

① 將驅動輪高置，隔離了外部傳來的載荷，使所有載荷都由懸掛的

擺動機構和樞軸吸收而不直接傳給驅動鏈輪。驅動鏈輪只承受扭轉載荷，而且使其遠離地面環境，減少由於雜物帶入而引起的鏈輪齒與鏈節間的磨損。

②　彈性懸掛行走機構能夠保持更多的履帶接觸地面，使載荷均布。同樣機重情況下可以選用尺寸較小的零件。

③　彈性懸掛行走機構具有承載能力大、行走平穩、噪音小、離地間隙大和附著性好等優點，使機器在不犧牲穩定性的前提下，具有更高的機動靈活性，減少了由於履帶打滑而導致的功率損失。

④　行走機構各零部件檢修容易。

（2）形狀可變履帶機構

形狀可變履帶機構指履帶的構型可以根據需要進行變化的機構。圖 2-36 是一種形狀可變履帶的外形。它由兩條形狀可變的履帶組成，分別由兩個主電機驅動。當兩履帶速度相同時，實現前進或後退移動；當兩履帶速度不同時，整個機器實現轉向運動。當主臂桿繞履帶架上的軸旋轉時，帶動行星輪轉動，從而實現履帶的不同構型，以適應不同的移動環境。

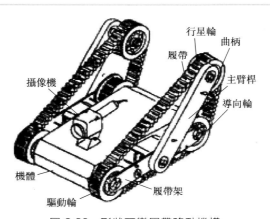

圖 2-36　形狀可變履帶移動機構

（3）位置可變履帶機構

位置可變履帶機構指履帶相對於機體的位置可以發生改變的履帶機構。這種位置的改變可以是一個自由度的，也可以是兩個自由度的。圖 2-37 所示為一種二自由度的變位履帶移動機構。各履帶能夠繞機體的水平軸線和垂直軸線偏轉，從而改變移動機構的整體構型。這種變位履

帶移動機構集履帶機構與全方位輪式機構的優點於一身，當履帶沿一個自由度變位時，用於爬越階梯和跨越溝渠；當沿另一個自由度變位時，可實現車輪的全方位行走方式。

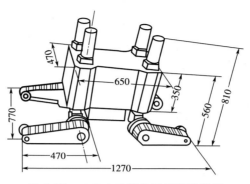

圖 2-37　二自由度變位履帶移動機構

2.6.3　腿足式移動機構

　　履帶式移動機構雖可以在高低不平的地面上運動，但是它的適應性不強，行走時晃動較大，在軟地面上行駛時效率低。根據調查，地球上近一半的地面不適合於傳統的輪式或履帶式車輛行走。但是一般的多足動物卻能在這些地方行動自如，顯然腿足式移動機構在這樣的環境下有獨特的優勢。

　　① 腿足式移動機構對崎嶇路面具有很好的適應能力，腿足式運動方式的立足點是離散的點，可以在可能到達的地面上選擇最佳的支撐點，而輪式和履帶式移動機構必須面臨最壞的地形上的幾乎所有的點。

　　② 腿足式移動機構運動方式還具有主動隔振能力，儘管地面高低不平，機身的運動仍然可以相當平穩。

　　③ 腿足式移動機構在不平地面和鬆軟地面上的運動速度較高，能耗較少。

　　現有的腿足式移動機器人的足數分別為單足、雙足、三足和四足、六足、八足甚至更多。足的數目多，適合於重載和慢速運動。實際應用中，由於雙足和四足具有相對好的適應性和靈活性，也最接近人類和動物，所以用得最多。圖 2-38 是日本開發的仿人機器人 ASIMO，圖 2-39 所示為機器狗。

圖 2-38　仿人機器人 ASIMO

圖 2-39　機器狗

2.6.4　其他形式的移動機構

為了特殊的目的，還研發了各種各樣的移動機構，例如壁面上吸附式移動機構、蛇形機構等。圖 2-40 所示是能在壁面上爬行的機器人，其中圖（a）是用吸盤互動地吸附在壁面上來移動，圖（b）所示的滾子是磁鐵，壁面一定是磁性材料才行。圖 2-41 所示是蛇形機器人。

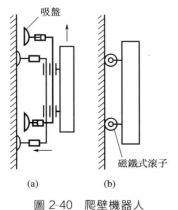

圖 2-40　爬壁機器人

圖 2-41　蛇形機器人

第3章

特種機器人
的傳感技術

3.1 概述

　　機器人感測器可以定義為一種能將機器人目標物特性（或參數）變換為電量輸出的裝置，機器人通過感測器實現類似於人的知覺作用，故感測器被稱為機器人的五官。

　　機器人作為重要產業，發展方興未艾，其應用範圍日益廣泛，要求它能從事越來越複雜的工作，對變化的環境能有更強的適應能力，要求能進行更精確的定位和控制，因而對感測器的應用不僅是十分必要的，而且具有更高的要求。

3.1.1 特種機器人對感測器的要求

　　（1）基本性能要求

　　① 精度高、重複性好　機器人感測器的精度直接影響機器人的工作品質。用於檢測和控制機器人運動的感測器是控制機器人定位精度的基礎。機器人是否能夠準確無誤地正常工作，往往取決於感測器的測量精度。

　　② 穩定性好，可靠性高　機器人感測器的穩定性和可靠性是保證機器人能夠長期穩定可靠工作的必要條件。機器人經常是在無人照管的條件下代替人來工作的，如果它在工作中出現故障，輕者影響生產的正常進行，重者造成嚴重事故。

　　③ 抗干擾能力強　機器人感測器的工作環境比較惡劣，它應當能夠承受強電磁干擾、強振動，並能夠在一定的高溫、高壓、高汙染環境中正常工作。

　　④ 質量小、體積小、安裝方便可靠　對於安裝在機器人操作臂等運動部件上的感測器，質量要小，否則會加大運動部件的慣性，影響機器人的運動性能。對於工作空間受到某種限制的機器人，對體積和安裝方向的要求也是必不可少的。

　　（2）工作任務要求

　　環境感知能力是移動機器人除了移動之外最基本的一種能力，感知能力的高低直接決定移動機器人的智慧性，而感知能力是由感知系統決定的。移動機器人的感知系統相當於人的五官和神經系統，是機器人獲取外部環境資訊及進行內部回饋控制的工具，它是移動機器人最重要的

部分之一。移動機器人的感知系統通常由多種感測器組成，這些感測器處於連接外部環境與移動機器人的介面位置，是機器人獲取資訊的窗口。機器人用這些感測器採集各種資訊，然後採取適當的方法，將多個感測器獲取的環境資訊加以綜合處理，控制機器人進行智慧作業。

3.1.2　常用感測器的特性

在選擇合適的感測器以適應特定的需要時，必須考慮感測器多方面的不同特點。這些特點決定了感測器的性能，是否經濟，應用是否簡便以及應用範圍等。在某些情況下，為實現同樣的目標，可以選擇不同類型的感測器。通常在選擇感測器前應該考慮以下一些因素。

（1）成本

感測器的成本是需要考慮的重要因素，尤其在一臺機器需要使用多個感測器時更是如此。然而成本必須與其他設計要求相平衡，例如可靠性、感測器資料的重要性、精度和壽命等。

（2）尺寸

根據感測器的應用場合，尺寸大小有時可能是最重要的。例如，關節位移感測器必須與關節的設計相適應，並能與機器人中的其他部件一起移動，但關節周圍可利用的空間可能會受到限制。另外，體積龐大的感測器可能會限制關節的運動範圍。因此，確保給關節感測器留下足夠大的空間非常重要。

（3）重量

由於機器人是運動裝置，所以感測器的重量很重要，感測器過重會增加操作臂的慣量，同時還會減少總的有效載荷。

（4）輸出的類型（數字式或模擬式）

根據不同的應用，感測器的輸出可以是數字量也可以是模擬量，它們可以直接使用，也可能需對其進行轉換後才能使用。例如，電位器的輸出是模擬量，而編碼器的輸出則是數字量。如果編碼器連同微處理器一起使用，其輸出可直接傳輸至處理器的輸入端，而電位器的輸出則必須利用模數轉換器（ADC）轉變成數字訊號。哪種輸出類型比較合適必須結合其他要求進行綜合考慮。

（5）介面

感測器必須能與其他設備相連接，如微處理器和控制器。倘若感測器與其他設備的介面不匹配或兩者之間需要其他的電路，那麼需要解決

感測器與設備間的介面問題。

（6）解析度

解析度是感測器在測量範圍內所能分辨的最小值。在繞線式電位器中，它等同於一圈的電阻值。在一個 n 位的數字設備中，解析度＝滿量程/(2^n)。例如，四位絕對式編碼器在測量位置時，最多能有 $2^4 = 16$ 個不同等級。因此，解析度是 $360°/16 = 22.5°$。

（7）靈敏度

靈敏度是輸出響應變化與輸入變化的比。高靈敏度感測器的輸出會由於輸入波動（包括噪音）而產生較大的波動。

（8）線性度

線性度反映了輸入變數與輸出變數間的關係。這意味著具有線性輸出的感測器在其量程範圍內，任意相同的輸入變化將會產生相同的輸出變化。幾乎所有器件在本質上都具有一些非線性，只是非線性的程度不同。在一定的工作範圍內，有些器件可以認為是線性的，而其他一些器件可通過一定的前提條件來線性化。如果輸出不是線性的，但已知非線性度，則可以通過對其適當建模、添加測量方程或額外的電子線路來克服非線性度。例如，如果位移感測器的輸出按角度的正弦變化，那麼在應用這類感測器時，設計者可按角度的正弦來對輸出進行刻度劃分，這可以通過應用程式，或能根據角度的正弦來對訊號進行分度的簡單電路來實現。

（9）量程

量程是感測器能夠產生的最大與最小輸出之間的差值，或感測器正常工作時最大和最小輸入之間的差值。

（10）響應時間

響應時間是感測器的輸出達到總變化的某個百分比時所需要的時間，它通常用占總變化的百分比來表示，例如 95％。響應時間也定義為當輸入變化時，觀察輸出發生變化所用的時間。例如，簡易水銀溫度計的響應時間長，而根據熱輻射測溫的數字溫度計的響應時間短。

（11）頻率響應

假如在一臺性能很好的收音機上接上小而廉價的揚聲器，雖然揚聲器能夠復原聲音，但是音質會很差，而同時帶有低音及高音的高品質揚聲器系統在復原同樣的訊號時，會具有很好的音質。這是因為高品質揚聲器系統的頻率響應與小而廉價的揚聲器大不相同。因為小揚聲器的自

然頻率較高，所以它僅能復原較高頻率的聲音。而至少含有兩個喇叭的揚聲器系統可在高、低音兩個喇叭中對聲音訊號進行還原，這兩個喇叭一個自然頻率高，另一個自然頻率低，兩個頻率響應融合在一起使揚聲器系統復原出非常好的聲音訊號（實際上，訊號在接入揚聲器前均進行過濾）。只要施加很小的激勵，所有的系統就都能在其自然頻率附近產生共振。隨著激振頻率的降低或升高，響應會減弱。頻率響應帶寬指定了一個範圍，在此範圍內系統響應輸入的性能相對較高。頻率響應的帶寬越大，系統響應不同輸入的能力也越強。考慮感測器的頻率響應和確定感測器是否在所有運行條件下均具有足夠快的響應速度是非常重要的。

（12）可靠性

可靠性是系統正常運行次數與總運行次數之比，對於要求連續工作的情況，在考慮費用以及其他要求的同時，必須選擇可靠且能長期持續工作的感測器。

（13）精度

精度定義為感測器的輸出值與期望值的接近程度。對於給定輸入，感測器有一個期望輸出，而精度則與感測器的輸出和該期望值的接近程度有關。

（14）重複精度

對同樣的輸入，如果對感測器的輸出進行多次測量，那麼每次輸出都可能不一樣。重複精度反映了感測器多次輸出之間的變化程度。通常，如果進行足夠次數的測量，那麼就可以確定一個範圍，它能包括所有在標稱值周圍的測量結果，那麼這個範圍就定義為重複精度。通常重複精度比精度更重要，在多數情況下，不準確度是由系統誤差導致的，因為它們可以預測和測量，所以可以進行修正和補償。重複性誤差通常是隨機的，不容易補償。

3.1.3　機器人感測器的分類

機器人根據所完成任務的不同，配置的感測器類型和規格也不盡相同，一般分為內部感測器和外部感測器。隨著科學技術的發展，目前感測器技術也在不斷發展，出現了智慧感測器，並且無線感測網路技術也得到了飛速發展。

所謂內部感測器，就是測量機器人自身狀態的功能元件，具體檢測的對象有關節的線位移、角位移等幾何量，速度、角速度、加速度等運

動量，還有傾斜角、方位角等物理量，即主要用來採集來自機器人內部的資訊。表 3-1 列出了機器人內部感測器的基本形式。

　　而所謂的外部感測器則主要用來採集機器人和外部環境以及工作對象之間相互作用的資訊，使機器人和環境能發生互動作用，從而使機器人對環境有自校正和自適應能力。機器人外部感測器通常包括力覺、觸覺、視覺、聽覺、嗅覺和接近覺等感測器。表 3-2 列出了這些感測器的檢測內容和應用。

　　內部感測器和外部感測器是根據感測器在系統中的作用來劃分的，某些感測器既可當作內部感測器使用，又可以當作外部感測器使用。譬如力感測器，用於末端執行器或手臂的自重補償中，是內部感測器；在測量操作對象或障礙物的反作用力時，它是外部感測器。

表 3-1　機器人內部感測器的基本分類

內部感測器	基本種類
位置感測器	電位器、旋轉變壓器、碼盤
速度感測器	測速發電機、碼盤
加速度感測器	應變式、伺服式、壓電式、電動式
傾斜角感測器	液體式、垂直振子式
力（力矩）感測器	應變式、壓電式

表 3-2　機器人外部感測器的基本分類

感測器	檢測內容	檢測器件	應用
力覺	把握力 荷重 分布壓力 力矩 多元力 滑動	應變計、半導體感壓元件 彈簧變位測量計 導電橡膠、感壓高分子材料 壓阻元件、電機電流計 應變計、半導體感壓元件 光學旋轉檢測器、光纖	把握力控制 張力控制、指壓力控制 姿勢、形狀判別 協調控制 裝配力控制 滑動判定、力控制
觸覺	接觸	限制開關	動作順序控制
視覺	平面位置 形狀 距離 缺陷	ITV 攝影機、位置感測器 線圖像感測器 測距器 面圖像感測器	位置決定、控制 物體識別、判別 移動控制 檢查、異常檢測
聽覺	聲音 超音波	麥克風 超音波感測器	語言控制（人機介面） 移動控制
嗅覺	氣體成分	氣體感測器、射線感測器	化學成分探測
接近覺	接近 間隔 傾斜	光電開關、LED、雷射、紅外 光電晶體管、光電二極管 電磁線圈、超音波感測器	動作順序控制 障礙物躲避 軌跡移動控制、探索

3.2 力覺感測器

力覺是指對機器人的指、肢和關節等運動中所受力的感知，主要包括腕力覺、關節力覺和支座力覺等。根據被測對象的負載，可以把力覺感測器分為測力感測器（單軸力感測器）、力矩表（單軸力矩感測器）、手指感測器（檢測機器人手指作用力的超小型單軸力感測器）和六軸力覺感測器等。

（1）十字腕力感測器

圖 3-1 所示為撓性十字梁式腕力感測器，用鋁材切成十字框架，各懸梁外端插入圓形手腕框架的內側孔中，懸梁端部與腕框架的接合部裝有尼龍球，目的是使懸梁易於伸縮。此外，為了增加其靈敏性，在與梁相接處的腕框架上還切出窄縫。十字形懸梁實際上是一個整體，其中央固定在手腕軸向。

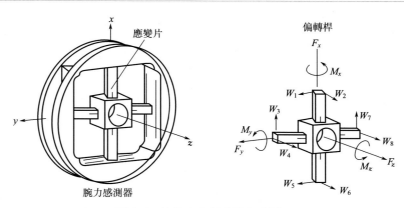

圖 3-1 撓性十字梁式腕力感測器

在每根梁的上下左右側面選取測量敏感點，通過黏貼應變片的方法獲取電訊號。相對面上的兩片應變片構成一組半橋，通過測量一個半橋的輸出，即可檢測一個參數。整個手腕通過應變片可檢測出 8 個參數：$W_1 \sim W_8$。利用這些參數，根據式(3-1) 可計算出該感測器受到 x、y、z 方向的力 F_x、F_y、F_z 以及 x、y、z 方向的轉矩 M_x、M_y、M_z。其中，K_{mn} 的值一般是通過試驗給出。

$$\begin{bmatrix} F_x \\ F_y \\ F_z \\ M_x \\ M_y \\ M_z \end{bmatrix} = \begin{bmatrix} 0 & 0 & K_{13} & 0 & 0 & 0 & K_{17} & 0 \\ K_{21} & 0 & 0 & 0 & K_{25} & 0 & 0 & 0 \\ 0 & K_{32} & 0 & K_{34} & 0 & K_{36} & 0 & K_{38} \\ 0 & 0 & 0 & K_{44} & 0 & 0 & 0 & K_{48} \\ 0 & K_{52} & 0 & 0 & 0 & K_{56} & 0 & 0 \\ K_{61} & 0 & K_{63} & 0 & K_{65} & 0 & K_{67} & 0 \end{bmatrix} \begin{bmatrix} W_1 \\ W_2 \\ W_3 \\ W_4 \\ W_5 \\ W_6 \\ W_7 \\ W_8 \end{bmatrix}$$

(3-1)

(2) 筒式腕力感測器

圖 3-2 所示為一種筒式 6 自由度腕力感測器,主體為鋁圓筒,外側有 8 根梁支撐,其中 4 根為水平梁,4 根為垂直梁。水平梁的應變片貼於上、下兩側,設各應變片所受到的應變數分別為 Q_x^+、Q_y^+、Q_x^-、Q_y^-;而垂直梁的應變片貼於左右兩側,設各應變片所受到的應變數分別為 P_x^+、P_y^+、P_x^-、P_y^-。那麼,施加於感測器上的 6 維力,即 x、y、z 方向的力 F_x、F_y、F_z 以及 x、y、z 方向的轉矩 M_x、M_y、M_z 可以用下列關係式計算,即

$$\left. \begin{aligned} F_x &= K_1(P_y^+ + P_y^-) \\ F_y &= K_2(P_x^+ + P_x^-) \\ F_z &= K_3(Q_x^+ + Q_x^- + Q_y^+ + Q_y^-) \\ M_x &= K_4(Q_y^+ - Q_y^-) \\ M_y &= K_5(-Q_x^+ - Q_x^-) \\ M_z &= K_6(P_x^+ - P_x^- - P_y^+ + P_y^-) \end{aligned} \right\}$$

(3-2)

式中,$K_1 \sim K_6$ 為比例係數,與各根梁所貼應變片的應變靈敏度有關,應變數由貼在每根梁兩側的應變片構成的半橋電路測量。

這種結構形式的特點是感測器在工作時,各個梁均以彎曲應變為主而設計,所以具有一定程度的規格化,合理的結構設計可使各梁靈敏度均勻並得到有效提高,缺點是結構比較複雜。

6 維力感測器是機器人最重要的外部感測器之一,該感測器能同時獲取包括 3 個力和 3 個力矩在內的全部資訊,因而被廣泛用於力/位置控制、軸孔配合、輪廓追蹤及雙機器人協調等先進機器人控制之中,已成

為保障機器人操作安全與完善作業能力方面不可缺少的重要工具。

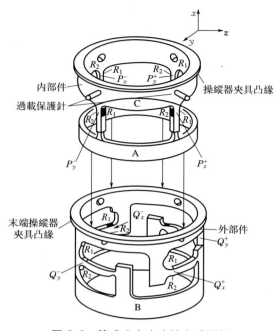

圖 3-2　筒式 6 自由度腕力感測器

3.3 觸覺感測器

　　人的觸覺包括接觸覺、壓覺、冷熱覺、痛覺等，這些感知能力對於人類是非常重要的，是其他感知能力（如視覺）所不能完全替代的。機器人觸覺感測器可以實現接觸覺、壓覺和滑覺等功能，測量手爪與被抓握物體之間是否接觸，接觸位置以及接觸力的大小等。觸覺感測器包括單個敏感元構成的感測器和由多個敏感元組成的觸覺感測器陣列。機器人末端操作器與外界環境接觸時，微小的位移就能產生較大的接觸力，這一特點對於需要消除微小位置誤差的作業是必不可少的，如精密裝配等需要進行精確控制的場合。視覺藉助光的作用完成，當光照受限制時，僅靠觸覺也能完成一些簡單的識別功能。更為重要的是，觸覺還能感知物體的表面特徵和物理性能，如柔軟性、硬度、彈性、粗糙度、材質等。

　　最簡單也是最早使用的觸覺感測器是微動開關。它工作範圍寬，不

受電、磁干擾，簡單、易用、成本低。單個微動開關通常工作在開、關狀態，可以二位方式表示是否接觸。如果僅僅需要檢測是否與對象物體接觸，這種二位微動開關能滿足要求。但是如果需要檢測對象物體的形狀時，就需要在接觸面上高密度地安裝敏感元件，微動開關雖然可以很小，但是與高度靈敏的觸覺感測器的要求相比，這種開關式的微動開關還是太大了，無法實現高密度安裝。

　　導電合成橡膠是一種常用的觸覺感測器敏感元件，它是在矽橡膠中添加導電顆粒或半導體材料（如銀或碳）構成的導電材料。這種材料價格低廉、使用方便、有柔性，可用於機器人多指靈巧手的手指表面。導電合成橡膠有多種工業等級，多種這類導電橡膠變壓時其體電阻的變化很小，但是接觸面積和反向接觸電阻都隨外力大小而發生較大變化。利用這一原理製作的觸覺感測器可實現在 $1cm^2$ 面積內有 256 個觸覺敏感單元，敏感範圍達到 $1\sim100g$。

　　圖 3-3 所示是一種採用 D-截面導電橡膠的壓阻觸覺感測器，用相互垂直的兩層導電橡膠實現行、列交叉定位。當增加正壓力時，D-截面導電橡膠發生變形，接觸面積增大，接觸電阻減小，從而實現觸覺感測。

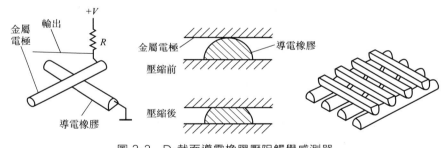

圖 3-3　D-截面導電橡膠壓阻觸覺感測器

　　另一類常用的觸覺敏感元件是半導體應變計。金屬和半導體的壓阻元件都已用於觸覺感測器陣列。其中金屬箔應變計用得最多，特別是它們跟變形元件黏貼在一起可將外力變換成應變從而進行測量的應變計使用最廣。利用半導體技術可在矽等半導體上製作應變元件，甚至訊號調節電路亦可製作在同一矽片上。矽觸覺感測器有線性度好，滯後和蠕變小，以及可將多路調變、線性化和溫度補償電路製作在矽片內等優點；缺點是感測器容易發生過載。另外矽集成電路的平面導電性也限制了它在機器人靈巧手指尖形狀感測器中的應用。

　　某些晶體具有壓電效應，也可作為一類觸覺敏感元件，但是晶體一

般有脆性，難於直接製作觸覺或其他感測器。1969 年發現的 PVF$_2$（聚偏二氟乙烯）等聚合物有良好的壓電性，特別是柔性好，因此是理想的觸覺感測器材料。當然製作機器人觸覺感測器的方法和依據還有很多，如通過光學的、磁的、電容的、超音的、化學的等原理，都可能開發出機器人觸覺感測器。

（1）壓電感測器

常用的壓電晶體是石英晶體，它受到壓力後會產生一定的電訊號。石英晶體輸出的電訊號強弱是由它所受到的壓力值決定的，通過檢測這些電訊號的強弱，能夠檢測出被測物體所受到的力。壓電式力感測器不但可以測量物體受到的壓力，也可以測量拉力。在測量拉力時，需要給壓電晶體一定的預緊力。由於壓電晶體不能承受過大的應變，所以它的測量範圍較小。在機器人應用中，一般不會出現過大的力，因此，採用壓電式力感測器比較適合。壓電式感測器安裝時，與感測器表面接觸的零件應具有良好的平行度和較低的表面粗糙度值，其硬度也應低於感測器接觸表面的硬度，保證預緊力垂直於感測器表面，使石英晶體上產生均勻的分布壓力。圖 3-4 所示為一種三分力壓電感測器。它由三對石英晶片組成，能夠同時測量三個方向的作用力。其中上、下兩對晶片利用晶體的剪切效應，分別測量 x 方向和 y 方向的作用力；中間一對晶片利用晶體的縱向壓電效應，測量 z 方向的作用力。

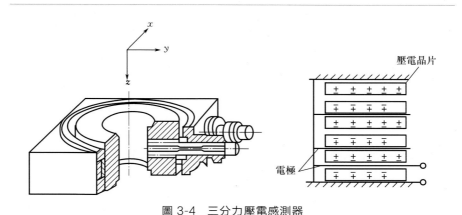

圖 3-4　三分力壓電感測器

（2）光纖壓覺感測器

圖 3-5 所示光纖壓覺感測器單元基於全內反射破壞原理，是實現光強度調變的高靈敏度光纖感測器。發送光纖與接收光纖由一個直角稜

鏡連接，稜鏡斜面與位移膜片之間氣隙約 $0.3\mu m$。在膜片的下表面鍍有光吸收層，膜片受壓力向下移動時，稜鏡斜面與光吸收層間的氣隙發生改變，從而引起稜鏡界面內全（內）反射的局部破壞，使部分光離開上界面進入吸收層並被吸收，因而接收光纖中的光強相應發生變化。光吸收層可選用玻璃材料或可塑性好的有機矽橡膠，採用鍍膜方法製作。

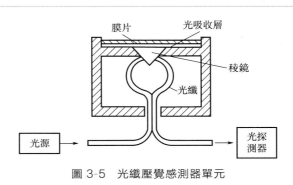

圖 3-5　光纖壓覺感測器單元

當膜片受壓時，便產生彎曲變形，對於周邊固定的膜片，在小撓度時（$W \leqslant 0.5t$），膜片中心撓度按式(3-3)計算，即

$$W = \frac{3(1-\mu^2)a^4 p}{16Et^3} \tag{3-3}$$

式中，W 為膜片中心撓度；E 為彈性模量；t 為膜片厚度；μ 為泊鬆比；p 為壓力；a 為膜片有效半徑。

式(3-3)表明，在小載荷條件下，膜片中心位移與所受壓力成正比。

(3) 滑覺感測器

機器人在抓取未知屬性的物體時，其自身應能確定最佳握緊力的給定值。當握緊力不夠時，要檢測被握緊物體的滑動，利用該檢測訊號，在不損害物體的前提下，考慮最可靠的夾持方法，實現此功能的感測器稱為滑覺感測器。

滑覺感測器有滾動式和球式，還有一種通過振動檢測滑覺的感測器。物體在感測器表面上滑動時，和滾輪或環相接觸，把滑動變成轉動。圖 3-6 所示為貝爾格萊德大學研製的球式滑覺感測器，由一個金屬球和觸針組成。金屬球表面分成多個相間排列的導電和絕緣格子，觸針頭部細小，每次只能觸及一個方格。當工件滑動時，金屬球也隨之轉動，在觸針上輸出脈衝訊號，脈衝訊號的頻率反映了滑移速度，而脈衝訊號的

個數對應滑移距離。

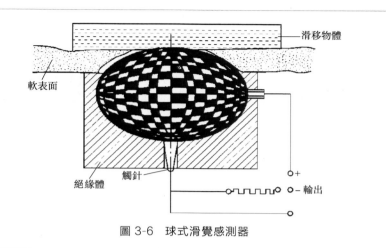

圖 3-6 球式滑覺感測器

　　圖 3-7 所示為振動式滑覺感測器，鋼球指針伸出感測器與物體接觸。當工件運動時，指針振動，線圈輸出訊號。使用橡膠和油作為阻尼器，可降低感測器對機械手本身振動的敏感。

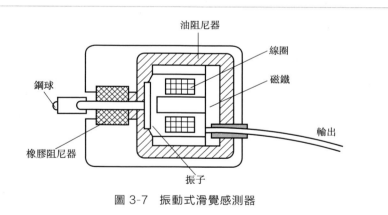

圖 3-7 振動式滑覺感測器

3.4 視覺感測器

　　為了使服務機器人具備自主行動的機能，應使服務機器人具有對外界的認識能力，特別是對作業對象的識別能力。服務機器人從外界得到

的資訊中，最大的資訊是視覺資訊，視覺感測器是一種不與對象接觸就能進行檢測的遙控感測器。雖然對外界進行的是二維圖像處理，但是如果進行適當的資訊處理，也可以識別出 3D 資訊。

（1）光電轉換器件

人工視覺系統中，相當於眼睛視覺細胞的光電轉換器件有光電二極管、光電三極管和 CCD 圖像感測器等。過去使用的管球形光電轉換器件，由於工作電壓高、耗電量多、體積大，隨著半導體技術的發展，它們逐漸被固態器件所取代。

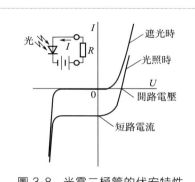

圖 3-8 光電二極管的伏安特性

① 光電二極管 半導體 PN 結受光照射時，若光子能量大於半導體材料的禁帶寬度，則吸收光子，形成電子空穴對，產生電位差，輸出與入射光量相應的電流或電壓。光電二極管是利用光生伏特效應的光感測器，圖 3-8 表示它的伏安特性。光電二極管使用時，一般加反向偏置電壓，不加偏壓也能使用。零偏置時，PN 結電容變大，頻率響應下降，但線性度好。如果加反向偏壓，沒有載流子的耗盡層增大，響應特性提高。根據電路結構，光檢出的響應時間可在 1ns 以下。

為了用雷射雷達提高測量距離的解析度，需要響應特性好的光電轉換元件。雪崩光電二極管（APD）是利用在強電場的作用下載流子運動加速，與原子相撞產生電子雪崩的放大原理而研製的。它是檢測微弱光的光感測器，其響應特性好。光電二極管作為位置檢測元件，可以連續檢測光束的入射位置，也可用於二維平面上的光點位置檢測。它的電極不是導體，而是均勻的電阻膜。

② 光電三極管 PNP 或 NPN 型光電三極管的集電極 C 和基極 B 之間構成光電二極管。受光照射時，反向偏置的基極和集電極之間產生電流，放大的電流流過集電極和發射極。因為光電三極管具有放大功能，所以產生的光電流是光電二極管的 100～1000 倍，響應時間為微秒數量級。

③ CCD 圖像感測器 CCD 是電荷耦合器件的簡稱，是通過勢阱進行儲存、傳輸電荷的元件。CCD 圖像感測器採用 MOS 結構，內部無 PN

結，如圖 3-9 所示，P 型矽襯底上有一層 SiO_2 絕緣層，其上排列著多個金屬電極。在電極上加正電壓，電極下面產生勢阱，勢阱的深度隨電壓而變化。如果依次改變加在電極上的電壓，勢阱則隨著電壓的變化而發生移動，於是注入勢阱中的電荷發生轉移。根據電極的配置和驅動電壓相位的變化，有二相時鐘驅動和三相時鐘驅動的傳輸方式。

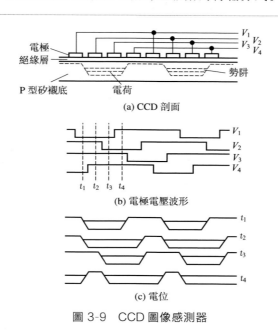

(a) CCD 剖面

(b) 電極電壓波形

(c) 電位

圖 3-9　CCD 圖像感測器

　　CCD 圖像感測器在一矽襯底上配置光敏元件和電荷轉移器件。通過電荷的依次轉移，將多個像素的資訊分時、順序地取出來。這種感測器有一維的線型圖像感測器和二維的面型圖像感測器。二維面型圖像感測器需要進行水平與垂直兩個方向掃描，有幀轉移方式和行間轉移方式，其原理如圖 3-10 所示。

　　④ MOS 圖像感測器　光電二極管和 MOS 場效應管成對地排列在矽襯底上，構成 MOS 圖像感測器。通過選擇水平掃描線和垂直掃描線來確定像素的位置，使兩個掃描線的交點上的場效應管導通，然後從與之成對的光電二極管取出像素資訊。掃描是分時按順序進行的。

　　⑤ 工業電視攝影機　由二維面型圖像感測器和掃描電路等外圍電路組成。只要接上電源，攝影機就能輸出被攝圖像的標準電視訊號。大多數攝影機鏡頭可以通過 C 透鏡接頭的 1/2in（1in＝2.54cm）的螺紋來更換。為了實現透鏡的自動聚焦，多數攝影透鏡帶有自動光圈的驅動端子。

現在市場上出售的攝影機中，有的帶有外部同步訊號輸入端子，用於控制垂直掃描或水平垂直掃描；有的可以改變 CCD 的電荷積累時間，以縮短曝光時間。彩色攝影機中，多數是在圖像感測器上鑲嵌配置紅（R）、綠（G）、藍（B）色濾色器以提取顏色訊號的單板式攝影機。光源不同而需調整色彩時，方法很簡單，通過手動切換即可。

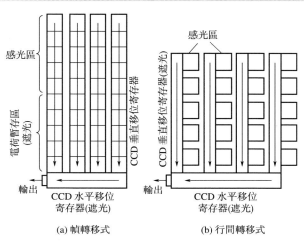

(a) 幀轉移式　　　　　(b) 行間轉移式

圖 3-10　CCD 圖像感測器的訊號掃描原理

（2）二維視覺感測器

視覺感測器分為二維視覺和三維視覺感測器兩大類。二維視覺感測器是獲取景物圖形資訊的感測器。處理方法有二值圖像處理、灰度圖像處理和彩色圖像處理，它們都是以輸入的二維圖像為識別對象的。圖像由攝影機獲取，如果物體在傳送帶上以一定速度通過固定位置，也可用一維線型感測器獲取二維圖像的輸入訊號。

對於操作對象限定、工作環境可調的生產線，一般使用廉價的、處理時間短的二值圖像視覺系統。圖像處理中，首先要區分作為物體像的圖和作為背景像的底兩大部分。圖和底的區分還是容易處理的。圖形識別中，需使用圖的面積、周長、中心位置等資料。為了減小圖像處理的工作量，必須注意以下幾點。

① 照明方向　環境中不僅有照明光源，還有其他光。因此要使物體的亮度、光照方向的變化盡量小，就要注意物體表面的反射光、物體的陰影等。

② 背景的反差　黑色物體放在白色背景中，圖和底的反差大，容易

區分。有時把光源放在物體背後，讓光線穿過漫射面照射物體，獲取輪廓圖像。

③ 視覺感測器的位置　改變視覺感測器和物體間的距離，成像大小也相應地發生變化。獲取立體圖像時若改變觀察方向，則改變了圖像的形狀。垂直方向觀察物體，可得到穩定的圖像。

④ 物體的放置　物體若重疊放置，進行圖像處理較為困難。將各個物體分開放置，可縮短圖像處理的時間。

（3）三維視覺感測器

三維視覺感測器可以獲取景物的立體資訊或空間資訊。立體圖像可以根據物體表面的傾斜方向、凹凸高度分布的資料獲取，也可根據從觀察點到物體的距離分布情況，即距離圖像得到。空間資訊則靠距離圖像獲得。

① 單眼觀測法　人看一張照片就可以了解景物的景深、物體的凹凸狀態。可見，物體表面的狀態（紋理分析）、反光強度分布、輪廓形狀、影子等都是一張圖像中存在的立體資訊的線索。因此，目前研究的課題之一是如何根據一系列假設，利用知識庫進行圖像處理，以便用一個電視攝影機充當立體視覺感測器。

② 莫爾條紋法　利用條紋狀的光照到物體表面，然後在另一個位置上透過同樣形狀的遮光條紋進行攝像。物體上的條紋像和遮光像產生偏移，形成等高線圖形，即莫爾條紋。根據莫爾條紋的形狀得到物體表面凹凸的資訊。根據條紋數可測得距離，但有時很難確定條紋數。

③ 主動立體視覺法　光束照在目標物體表面上，在與基線相隔一定距離的位置上攝取物體的圖像，從中檢測出光點的位置，然後根據三角測量原理求出光點的距離。這種獲得立體資訊的方法就是主動立體視覺法。

④ 被動立體視覺法　該方法就像人的兩隻眼睛一樣，從不同視線獲取的兩幅圖像中，找到同一個物點的像的位置，利用三角測量原理得到距離圖像。這種方法雖然原理簡單，但是在兩幅圖像中檢出同一物點的對應點是非常困難的。被動視覺採用自然測量，如雙目視覺就屬於被動視覺。

⑤ 雷射雷達　用雷射代替雷達電波，在視野範圍內掃描，通過測量反射光的返回時間得到距離圖像。它又可分為兩種方法：一種發射脈衝光束，用光電倍增管接收反射光，直接測量光的返回時間；另一種發射調幅雷射，測量反射光調變波形相位的滯後。為了提高距離解析度，必須提高反射光檢測的時間解析度，因此需要尖端電子技術。

3.5 聽覺感測器

(1) 語音的發聲機理

語音（或聲音）的音調、音色、響度構成了語音的三要素。音調主要與聲波的頻率有關，為對數關係，音色與聲波的頻譜結構和模擬波形有關係，響度與聲波訊號的振幅正相關。

語音的物理本質是聲波，聲波是縱波，是一種振動波。聲源發出振動後，聲源周圍的傳播介質發生物理振動，聲波隨著傳播介質的振動進行擴散。

聲音是由物體振動產生的聲波，通過氣體、固體或液體傳播，並被聲音感知器官所感知的波動現象。人類的語音是由人的發聲器官在大腦控制下的生理運動產生的。人的發聲器官由三大部分組成：

① 肺和氣管產生聲源：肺產生壓縮空氣，通過氣管傳送到聲音生成系統；氣管連接著肺和喉，是肺與聲道聯繫的通道。

② 喉和聲帶組成聲門：喉是控制聲帶運動的複雜系統；聲帶的聲學功能主要是產生激勵。

③ 咽腔、口腔、鼻腔組成聲道：口腔和鼻腔是發聲時的共鳴器，口腔中的器官協同動作，使空氣流通過時形成不同的阻礙，進而產生不同的振動，從而發出不同的聲音。

空氣由肺部排入喉部，通過聲帶進入聲道，最後由鼻輻射出聲波，最終形成了語音。圖 3-11 給出了聲道剖面示意圖。

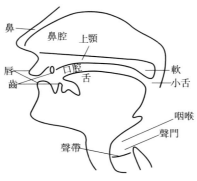

圖 3-11　聲道剖面示意圖

（2）聽覺感測器及語音識別

聽覺感測器，即聲敏感測器，是一種將聲波的機械振動轉換成電訊號的器件或裝置。聲敏感測器有許多種類，按照測量原理可分為壓電效應、電致伸縮效應、電磁效應、靜電效應和磁致伸縮等。常見的聽覺感測器為電容式駐極體話筒，為一種壓電式感測器。該感測器內置一個對聲音敏感的電容式駐極體話筒，聲波使感測器內的駐極體薄膜振動，導致電容的變化，從而產生與之對應變化的微小電壓。電壓訊號經過模數轉換，轉換為電腦可識別的數字訊號。最終，聽覺感測器將聲音的機械振動訊號轉換為電腦能夠識別與計算的數字訊號。

聽覺感測器通過感知聲波的振動資訊，獲取語音的音調、音色和響度資訊。語音的感知主要是感知語音的音調和響度資訊。為了保證服務機器人能夠安全工作，常常需要安裝聽覺感測器，因為視覺感測器不能在 360°的全部範圍內進行監視，聽覺感測器則可以進行全範圍的監視。人用語言指揮工業機器人比用鍵盤指揮工業機器人更方便，因此需要聽覺感測器對人發出的各種聲音進行檢測，然後通過語音識別系統識別出命令並執行命令。

① 聽覺感測器　其功能是將聲訊號轉換為電訊號，通常也稱傳聲器。常用的聽覺感測器有動圈式傳聲器、電容式傳聲器。

a. 動圈式傳聲器。如圖 3-12 所示為動圈式傳聲器的結構原理。傳聲器的振膜非常輕、薄，可隨聲音振動。動圈同振膜黏在一起，可隨振膜的振動而運動。動圈浮在磁隙的磁場中，當動圈在磁場中運動時，動圈中可產生感應電動勢。此電動勢與振膜和頻率相對應，因而動圈輸出的電訊號與聲音的強弱、頻率的高低相對應。通過此過程，這種傳聲器就將聲音轉換成了音訊電訊號輸出。

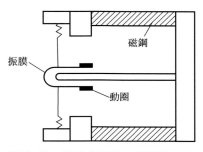

圖 3-12　動圈式傳聲器的結構原理

b. 電容式傳聲器。如圖 3-13 所示為電容式傳聲器的結構原理，由固

定電極和振膜構成一個電容，經過電阻 R_L 將一個極化電壓加到電容的
固定電極上。當聲音傳入時，振膜發生振動，此時振膜與固定電極間電
容量也隨聲音而發生變化，此電容的阻抗也隨之變化；與其串聯的負載
電阻 R_L 的阻值是固定的，電容的阻抗變化就表現為 a 點電位的變化。
經過耦合電容 C 將 a 點電阻變化的訊號輸入前置放大器 A，經放大後輸
出音訊訊號。

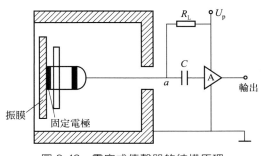

圖 3-13　電容式傳聲器的結構原理

　　② 語音識別晶片　語音識別技術就是讓機器人把感測器採集的語音
訊號通過識別和理解過程，轉變為相應的文本或命令的高級技術。電腦
語音識別過程與人對語音識別處理過程基本上是一致的。目前，主流的
語音識別技術是基於統計模式識別的基本理論，一個完整的語音識別系
統可大致分為三個部分。

　　a. 聲學特徵提取。其目的是從語音波形中提取隨時間變化的語音特
徵序列。聲學特徵的提取與選擇是語音識別的一個重要環節。聲學特徵
的提取是一個資訊大幅度壓縮的過程，目的是使模式劃分器能更好地劃
分。由於語音訊號的時變特性，特徵提取必須在一小段語音訊號上進行，
即進行短時分析。

　　b. 識別算法。聲學模型是識別系統的底層模型，也是語音識別系統
中最關鍵的一部分。聲學模型通常由獲取的語音特徵通過訓練建立，目
的是為每一個發音建立發音模板。在識別時，將未知的語音特徵同聲學
模型（模式）進行匹配與比較，計算未知語音的特徵矢量序列和每個發
音模板之間的距離。聲學模型的設計和語言發音的特點密切相關。聲學
模型單元大小（字發音模型、半音節模型或音素模型）對語音訓練資料
量大小、系統識別率以及靈活性有較大影響。

　　c. 語義理解。電腦對識別結果進行語法、語義分析，明白語言的意
義，以便作出相應反應，通常是通過語言模型來實現。

（3）麥克風陣列

通常人們所見到的麥克風能夠識別聲音的強弱，它也稱為聲音/聽覺感測器。麥克風陣列是一組位於空間不同位置的全向麥克風，按照一定的規則布置形成的陣列，對空間傳播的聲音訊號進行空間採集的一種聽覺感測器。麥克風陣列採集的語音資訊既包含語音的音調、響度資訊，還包含語音的空間位置資訊。根據聲源和麥克風陣列之間的距離的遠近，可將麥克風陣列分為近場模型和遠場模型；根據麥克風陣列的拓撲結構，可將麥克風陣列分為線性陣列、平面陣列和立體陣列等。

① 近場模型和遠場模型　兩者的劃分沒有絕對的標準，一般認為聲源距離麥克風陣列中心參考點的距離大於訊號波長為遠場；反之，為近場。

如圖 3-14 所示，如果聲源到麥克風陣列中心的距離大於 r，則為遠場模型，否則為近場模型。S 為麥克風陣列物理中心點，即麥克風陣列參考點。

聲源到麥克風陣列中心的距離：

$$r = 2d^2/\lambda_{\min} \qquad (3\text{-}4)$$

式中，d 為均勻線性陣列相鄰麥克風之間的距離，m；$\lambda_{\min}$ 為聲源最高頻率語音的波長，m。

近場模型將聲波看成球面波，考慮麥克風陣元接收訊號間的幅度差；遠場模型將聲波看成平面波，忽略各個陣元接收訊號間的振幅差。遠場模型是對實際模型的簡化，認為各接收訊號之間是時延關係。

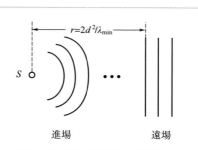

圖 3-14　近場模型和遠場模型

② 麥克風陣列拓撲結構　根據麥克風陣列的維數，可分為一維、二維和三維麥克風陣列。

一維麥克風陣列，即線性麥克風陣列，其陣元中心位於同一條直線上。根據相鄰陣元間距是否相同，又可分為均勻線性陣列和嵌套線性陣列。線性麥克風陣列只能獲得語音訊號空間位置資訊的水平方位角資訊。

二維麥克風陣列，即平面麥克風陣列，其陣元中心分布在一個平面上。根據陣列的幾何形狀，可分為等邊三角陣列、T 形陣列、均勻圓陣、均勻方陣、同軸圓陣、矩形面陣等。二維麥克風陣列可以得到語音訊號空間位置資訊的水平方位角和垂直方位角資訊。

　　三維麥克風陣列，即立體麥克風陣列，其陣元中心分布在立體空間中。根據麥克風陣列的空間形狀，三維麥克風陣列可分為四面體陣、正方體陣、長方體陣、球形陣等。三維麥克風陣列可以得到語音訊號空間位置的水平方位角、垂直方位角、聲源與麥克風陣列參考點距離資訊。

3.6　嗅覺感測器

　　嗅覺感測器主要採用氣體感測器、射線感測器等，多用於檢測空氣中的化學成分、濃度等。在放射線、高溫煤氣、可燃性氣體以及其他有毒氣體的惡劣環境下，開發檢測放射線、可燃氣體及有毒氣體的感測器是很重要的，對人們了解環境汙染、預防火災和毒氣泄漏報警具有重大的意義。

　　氣體感測器是一種把氣體（多數為空氣）中的特定成分檢測出來，並將它轉換為電訊號的器件，以便提供有關待測氣體的存在及濃度大小的資訊。

　　氣體感測器最早用於可燃性氣體泄漏報警，用於防災，保證生產安全；之後逐漸推廣應用，用於有毒氣體的檢測、容器或管道的檢漏，環境監測（防止公害），鍋爐及汽車的燃燒檢測與控制（可以節省燃料，並且可以減少有害氣體的排放），工業過程的檢測與自動控制（測量分析生產過程中某一種氣體的含量或濃度）。近年來，在醫療、空氣淨化，家用燃氣灶和熱水器等方面，氣體感測器得到了普遍應用。

　　氣體感測器的性能必須滿足下列條件：

　　① 能夠檢測易爆炸氣體的允許濃度，有害氣體的允許濃度和其他基準設定濃度，並能及時給出報警、顯示與控制訊號。

　　② 對被測氣體以外的共存氣體或物質不敏感。

　　③ 性能長期穩定性、重複性好。

　　④ 動態特性好、響應迅速。

　　⑤ 使用、維護方便，價格便宜等。

　　（1）表面控制型氣體感測器

　　這類器件表面電阻的變化，取決於表面原來吸附氣體與半導體材料之間的電子交換。通常器件工作在空氣中，空氣中的氧氣和二氧化氮等電子兼容性大的氣體，接受來自半導體材料的電子而吸附負電荷，其結果表現為 N 型半導體材料的表面空間電荷區域的傳導電子減少，使表面

電導率減小，從而使器件處於高阻狀態。一旦器件與被測氣體接觸，就會與吸附的氧氣反應，將被氧束縛的幾個電子釋放出來，使敏感膜表面電導增加，使器件電阻減小。這種類型的感測器多數是以可燃性氣體為檢測對象，但如果吸附能力強，即使是非可燃性氣體也能作為檢測對象。其具有檢測靈敏度高、響應速度快、實用價值大等優點。

（2）接觸燃燒式氣體感測器

一般將在空氣中達到一定濃度、觸及火種可引起燃燒的氣體稱為可燃性氣體，如甲烷、乙炔、甲醇、乙醇、乙醚、一氧化碳及氫氣等均為可燃性氣體。

接觸燃燒式氣體感測器通常將鉑等金屬線圈埋設在氧化催化劑中。使用時對金屬線圈通以電流，使之保持在 $300\sim600℃$ 的高溫狀態，同時將元件接入電橋電路中的一個橋臂，調節橋路使其平衡。一旦有可燃性氣體與感測器表面接觸，燃燒熱量進一步使金屬絲升溫，造成器件阻值增大，從而破壞電橋的平衡，其輸出的不平衡電流或電壓與可燃氣體濃度成比例，檢測出這種電流和電壓就可測得可燃氣體的濃度。

接觸燃燒式氣體感測器的優點是對氣體選擇性好，線性好，受溫度、溼度影響小，響應快；其缺點是對低濃度可燃氣體靈敏度低，敏感元件受到催化劑侵害後其特性銳減，金屬絲易斷。

（3）煙霧感測器

煙霧是比氣體分子大得多的微粒懸浮在氣體中形成的，和一般的氣體成分的分析不同，必須利用微粒的特點檢測。這類感測器多用於火災報警器，也是以煙霧的有無決定輸出訊號的感測器，不能定量地連續測量。

① 散射式　在發光管和光敏元件之間設置遮光屏，無煙霧時光敏元件接收不到光訊號，有煙霧時藉助微粒的散射光使光敏元件發出電訊號，其原理見圖 3-15。這種感測器的靈敏度與煙霧種類無關。

② 離子式　用放射性同位素鋂 Am241 放射出微量的 α 射線，使附近空氣電離，當平行平板電極間有直流電壓時，產生離子電流。有煙霧時，微粒將離子吸附，而且離子本身也吸收 α 射線，導致離子電流減小。

若有一個密封裝有純淨空氣的離子室作為參比元件，將兩者的離子電流比較，就可以排除外界干擾，得到可靠的檢測結果。這種方法的靈敏度與煙霧種類有關。工作原理可參看圖 3-16。

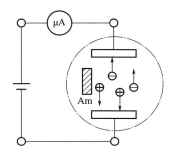

圖 3-15　散射式煙霧感測器工作原理　　圖 3-16　離子式煙霧感測器工作原理

3.7 接近度感測器

接近度感測器（接近感測器）是機器人用以探測自身與周圍物體之間相對位置和距離的感測器。它的使用對機器人工作過程中適時地進行軌跡規劃與防止事故發生具有重要意義。它主要有以下 3 個方面的作用。

① 在接觸對象物前得到必要的資訊，為後面動作做準備。

② 發現障礙物時，改變路徑或停止，以免發生碰撞。

③ 得到對象物體表面形狀的資訊。

根據感知範圍（或距離），接近度感測器大致可分為 3 類：感知近距離物體（毫米級）的有磁力式（感應式）、氣壓式、電容式等；感知中距離（大約 30cm 以內）物體的有紅外光電式；感知遠距離（30cm 以外）物體的有超音式和雷射式。視覺感測器也可作為接近度感測器。

（1）磁力式接近感測器

圖 3-17 所示為磁力式接近感測器結構原理。它由勵磁線圈 C_0 和檢測線圈 C_1 及 C_2 組成，C_1、C_2 的圈數相同，接成差動式。當未接近物體時由於構造上的對稱性，輸出為零，當接近物體（金屬）時，由於金屬產生渦流而使磁通發生變化，從而使檢測線圈輸出產生變化。這種感測器不大受光、熱、物體表面特徵影響，可小型化與輕量化，但只能探測金屬對象。

日本日立公司將其用於弧焊機器人上，用以追蹤焊縫。在 200℃ 以下探測距離 0～8mm，誤差只有 4%。

（2）氣壓式接近感測器

圖 3-18 為氣壓式接近感測器的基本原理與特性圖。它是根據噴嘴-擋

板作用原理設計的。氣壓源 p_V 經過節流孔進入背壓腔，又經噴嘴射出，氣流碰到被測物體後形成背壓輸出 p_A。合理地選擇 p_V 值（恆壓源）、噴嘴尺寸及節流孔大小，便可得出輸出 p_A 與距離 x 之間的對應關係，一般不是線性的，但可以做到局部近似線性輸出。這種感測器具有較強防火、防磁、防輻射能力，但要求氣源保持一定程度的淨化。

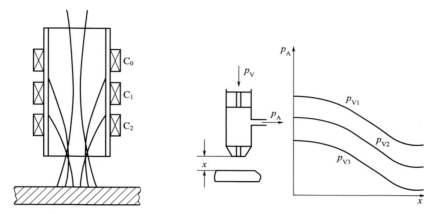

圖 3-17　磁力式接近感測器結構原理　圖 3-18　氣壓式接近感測器基本原理與特性

（3）紅外式接近感測器

　　紅外感測器是一種比較有效的接近感測器，感測器發出的光的波長大約在幾百奈米範圍內，是短波長的電磁波。它是一種輻射能轉換器，主要用於將接收到的紅外輻射能轉換為便於測量或觀察的電能、熱能等其他形式的能量。紅外感測器按探測機理可分為熱探測器和光子探測器兩大類。紅外感測器具有不受電磁波的干擾、非噪音源、可實現非接觸性測量等特點。另外，紅外線（指中、遠紅外線）不受周圍可見光的影響，故在晝夜都可進行測量。

　　同聲納感測器相似，紅外感測器工作處於發射/接收狀態。這種感測器由同一發射源發射紅外線，並用兩個光檢測器測量反射回來的光量。由於這些儀器測量光的差異，它們受環境的影響非常大，物體的顏色、方向、周圍的光線都能導致測量誤差。但由於發射光線是光而不是聲音，可以在相當短的時間內獲得較多的紅外線感測器測量值，測距範圍較近。

　　現介紹基於三角測量原理的紅外感測器測距。即紅外發射器按照一定的角度發射紅外光束，當遇到物體以後，光束會反射回來，如圖 3-19 所示。反射回來的紅外光線被 CCD 檢測器檢測到以後，會獲得一個偏移

值 L，利用三角關係，在知道了發射角度 α，偏移距 L，中心距 X，以及濾鏡的焦距 f 以後，感測器到物體的距離 D 就可以通過幾何關係計算出來了。

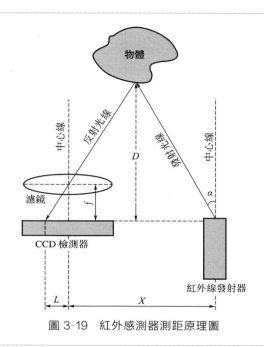

圖 3-19　紅外感測器測距原理圖

可以看到，當 D 的距離足夠近時，L 值會相當大，超過 CCD 的探測範圍，這時，雖然物體很近，但是感測器反而看不到了。當物體距離 D 很大時，L 值就會很小。這時 CCD 檢測器能否分辨出這個很小的 L 值成為關鍵，也就是說 CCD 的解析度決定能不能獲得足夠精確的 L 值。要檢測越是遠的物體，CCD 的解析度要求就越高。

紅外感測器的輸出是非線性的。從圖 3-20 中可以看到，當被探測物體的距離小於 10cm 時，輸出電壓急劇下降，也就是說從電壓讀數來看，物體的距離應該是越來越遠了。但是實際上並不是這樣，如果機器人本來正在慢慢地靠近障礙物，突然探測不到障礙物，一般來說，控制程式會讓機器人以全速移動，結果就是機器人撞到障礙物。解決這個問題的方法是需要改變一下感測器的安裝位置，使它到機器人的外圍的距離大於最小探測距離，如圖 3-21 所示。

受器件特性的影響，紅外感測器抗干擾性差，即容易受各種熱源和環境光線影響。探測物體的顏色、表面光滑程度不同，反射回的紅外線

強弱就會有所不同。另外由於感測器功率因素的影響，其探測距離一般在 10～500cm 之間。

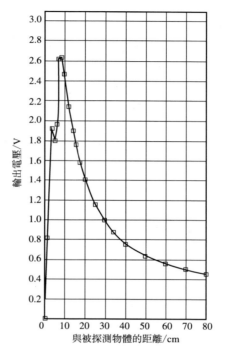

圖 3-20　紅外感測器非線性輸出圖

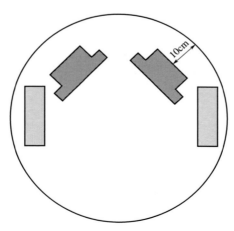

圖 3-21　紅外感測器的安裝位置

(4) 超音波距離感測器

超音式接近感測器用於機器人對周圍物體的存在與距離的探測。尤其對移動式機器人，安裝這種感測器可隨時探測前進道路上是否出現障礙物，以免發生碰撞。

超音波是人耳聽不見的一種機械波，其頻率在 20kHz 以上，波長較短，繞射小，能夠作為射線定向傳播。超音波感測器由超音波發生器和接收器組成。超音波發生器有壓電式、電磁式及磁致伸縮式等。在檢測技術中最常用的是壓電式。壓電式超音波感測器，就是利用了壓電材料的壓電效應，如石英、電氣石等。逆壓電效應將高頻電振動轉換為高頻機械振動，以產生超音波，可作為「發射」探頭。利用正壓電效應則將接收的超音振動轉換為電訊號，可作為「接收」探頭。

由於用途不同，壓電式超音感測器有多種結構形式。圖 3-22 所示為其中一種，即所謂雙探頭（一個探頭發射，另一個探頭接收）。帶有晶片座的壓電晶片裝入金屬殼體內，壓電晶片兩面鍍有銀層，作為電極板，底面接地，上面接有引出線。阻尼塊或稱吸收塊的作用是降低壓電晶片的機械品質因素，吸收聲能量，防止電脈衝振盪停止時，壓電晶片因慣性作用而繼續振動。阻尼塊的聲阻抗等於壓電晶片聲阻抗時，效果最好。

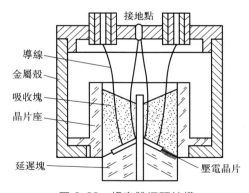

圖 3-22　超音雙探頭結構

超音波距離感測器的檢測方式有脈衝回波式（見圖 3-23）以及 FM-CW 式（頻率調變、連續波，見圖 3-24）兩種。

在脈衝回波式中，先將超音波用脈衝調變後發射，根據被測物體反射回來的回波延遲時間 Δt，可以計算出被測物體的距離 L。設空氣中的聲速為 v，如果空氣溫度為 T，則聲速為 $v = 331.5 + 0.607T$，被測物體與感測器間的距離為

$$L = v \Delta t / 2 \qquad\qquad (3\text{-}5)$$

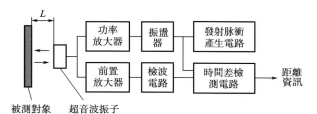

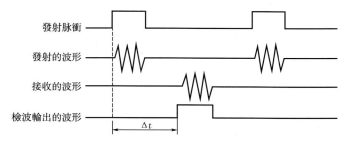

圖 3-23 脈衝回波式的檢測原理

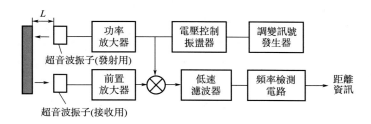

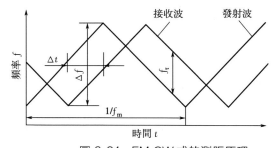

圖 3-24 FM-CW 式的測距原理

f_τ—發射波與接收波的頻率差; f_m—發射波的頻率

　　FM-CW 方式是採用連續波對超音波訊號進行調變。將由被測物體反射延遲 Δt 時間後得到的接收波訊號與發射波訊號相乘，僅取出其中的低

頻訊號，就可以得到與距離 L 成正比的差頻 f_τ 訊號。假設調變訊號的頻率為 f_m，調變頻率的帶寬為 Δf，被測物體與感測器間的距離為

$$L = \frac{f_\tau v}{4 f_m \Delta f} \tag{3-6}$$

超音波感測器已經成為移動機器人的標準配置，在比較理想的情況下，超音波感測器的測量精度根據以上的測距原理可以得到比較滿意的結果，但是，在真實的環境中，超音波感測器資料的精確度和可靠性會隨著距離的增加和環境模型的複雜性上升而下降，總的來說超音波感測器的可靠性很低，測距的結果存在很大的不確定性，主要表現在以下四點。

① 超音波感測器測量距離的誤差　除了感測器本身的測量精度問題外，還受外界條件變化的影響。如聲波在空氣中的傳播速度受溫度影響很大，同時和空氣溼度也有一定的關係。

② 超音波感測器散射角　超音波感測器發射的聲波有一個散射角，超音波感測器可以感知障礙物在散射角所在的扇形區域範圍內，但是不能確定障礙物的準確位置。

③ 串擾　機器人通常都裝備多個超音波感測器，此時可能會發生串擾問題，即一個感測器發出的探測波束被另外一個感測器當成自己的探測波束接收到。這種情況通常發生在比較擁擠的環境中，對此只能通過幾個不同位置多次反覆測量驗證，同時合理安排各個超音波感測器工作的順序。

④ 聲波在物體表面的反射　聲波訊號在環境中不理想的反射是實際環境中超音波感測器遇到的最大問題。當光、聲波、電磁波等碰到反射物體時，任何測量到的反射都是只保留原始訊號的一部分，剩下的部分能量或被介質物體吸收，或被散射，或穿透物體。有時超音波感測器甚至接收不到反射訊號。

(5) 雷射測距感測器

雷射感測器是利用雷射技術進行測量的感測器。它由雷射器、雷射檢測器和測量電路組成。其中，雷射器是產生雷射的一個裝置。雷射器的種類很多，按雷射器的工作物質可分為固體雷射器、氣體雷射器、液體雷射器及半導體雷射器。雷射感測器是新型測量器件，它的優點是能實現無接觸遠距離測量，速度快、精度高、量程大、抗光電干擾能力強等。

雷射感測器能夠測量很多物理量，比如長度、速度、距離等。雷射測距感測器種類很多，下面介紹幾種常用雷射測距方法的原理，有脈衝式雷射測距、相位式雷射測距、三角法雷射測距。

脈衝雷射測距感測器的原理是：由脈衝雷射器發出持續時間極短的脈衝雷射，經過待測距離後射到被測目標，有一部分能量會被反射回來，被反射回來的脈衝雷射稱為回波。回波返回測距儀，由光電探測器接收。根據主波訊號和回波訊號之間的間隔，即雷射脈衝從雷射器到被測目標之間的往返時差，就可以算出待測目標的距離。

圖 3-25 給出了脈衝雷射感測器測距的原理圖。工作時，先由雷射二極管對準目標發射雷射脈衝。經過目標反射後雷射向各方向散射。部分散射光返回到感測器接收器，被光學系統接收後成像到雪崩光電二極管上。雪崩光電二極管是一種內部具有放大功能的光學感測器，因此它能檢測極其微弱的光訊號，並將其轉化為相應的電訊號。

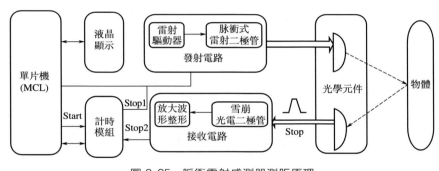

圖 3-25　脈衝雷射感測器測距原理

如果從光脈衝發出到返回被接收所經歷的時間為 t，光的傳播速度為 c，則可以得到雷射感測器到被測物體之間距離 L。

$$L = ct/2 \tag{3-7}$$

相位雷射測距感測器原理是：對發射的雷射進行光強調變，利用雷射空間傳播時調變訊號的相位變化量，根據調變波的波長，計算出該相位延遲所代表的距離，如圖 3-26 所示。即用相位延遲測量的間接方法代替直接測量雷射往返所需的時間，實現距離的測量，見公式(3-8)。這種方法精度可達到毫米級。

$$d = \frac{\theta}{4\pi}\lambda = \frac{\theta}{4\pi} \times \frac{c}{f} \tag{3-8}$$

式中，d 為待測的距離；λ 為雷射束的波長；θ 為相移；c 為雷射的光速；f 為雷射的頻率。

三角法雷射測距感測器是由雷射器發出的光線，經過會聚透鏡聚焦後入射到被測物體表面上，接收透鏡接收來自入射光點處的散射光，並

將其成像在光電位置探測器敏感面上。因為光源與基線之間的角度 β 和光源與檢測器之間的距離 B 是已知的，故可根據圖 3-27 所示的幾何關係求得 $D = B\tan\beta$。三角法雷射測距的解析度很高，可以達到微米數量級。

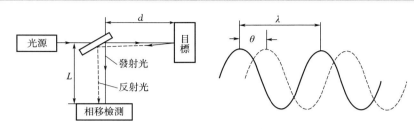

圖 3-26　相位測距法

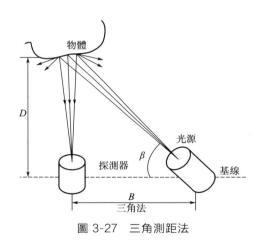

圖 3-27　三角測距法

3.8　智慧感測器

3.8.1　智慧感測器概述

　　智慧感測器（intelligent sensor 或 smart sensor）最初是由美國國家航空暨太空總署開發出來的產品。宇宙飛船上需要大量的感測器不斷向地面發送溫度、位置、速度和姿態等資料，用一臺大型電腦很難同時處理如此龐雜的資料，為了不丟失資料，並降低成本，必須有能實現感測器與電腦一體化的靈巧感測器。智慧感測器是指具有資訊檢測、資訊處

理、資訊記憶、邏輯思維和判斷功能的感測器。它不僅具有傳統感測器的各種功能，而且還具有資料處理、故障診斷、非線性處理、自校正、自調整以及人機通訊等多種功能。它是微電子技術、微型電子電腦技術與檢測技術相結合的產物。

早期的智慧感測器是將感測器的輸出訊號經處理和轉化後由介面送到微處理器部分進行運算處理。1980 年代智慧感測器主要以微處理器為核心，把感測器訊號調理電路、微電子電腦儲存器及介面電路集成到一塊晶片上，使感測器具有一定的人工智慧。1990 年代智慧化測量技術有了進一步的提高，使感測器實現了微型化、結構一體化、陣列式、數字式，使用方便和操作簡單，具有自診斷功能、記憶與資訊處理功能、資料儲存功能、多參量測量功能、聯網通訊功能、邏輯思維以及判斷功能。

智慧化感測器是感測器技術未來發展的主要方向。在今後的發展中，智慧化感測器無疑將會進一步擴展到化學、電磁、光學和核物理等研究領域。

（1）智慧感測器的定義

智慧感測器是當今世界正在迅速發展的高新技術，至今還沒有形成規範化的定義。早期，人們簡單、機械地強調在工藝上將感測器與微處理器兩者緊密結合，認為「感測器的敏感元件及其訊號調理電路與微處理器集成在一塊晶片上就是智慧感測器」。

目前，英國人將智慧感測器稱為「intelligent sensor」；美國人則習慣於把智慧感測器稱為「smart sensor」，直譯就是「靈巧的、聰明的感測器」。

所謂智慧感測器，就是帶微處理器、兼有資訊檢測和資訊處理等功能的感測器。智慧感測器的最大特點就是將感測器檢測資訊的功能與微處理器的資訊處理功能系統地融合在一起。從一定意義上講，它具有類似於人類智慧的作用。需要指出，這裡講的「帶微處理器」包含兩種情況：一種是將感測器與微處理器集成在一個晶片上構成所謂的「單片智慧感測器」；另一種是指感測器能夠配微處理器。顯然，後者的定義範圍更寬，但二者均屬於智慧感測器的範疇。

（2）智慧感測器的構成

智慧感測器是由感測器和微處理器相結合而構成的，它充分利用微處理器的計算和儲存能力，對感測器的資料進行處理，並對它的內部行為進行調節。智慧感測器視其感測元件的不同具有不同的名稱和用途，而且其硬體的組合方式也不盡相同，但其結構模組大致相似，一般由以

下幾個部分組成：一個或多個敏感器件，微處理器或微控制器，非易失性可擦寫儲存器，雙向資料通訊的介面，模擬量輸入輸出介面（可選，如 A/D 轉換、D/A 轉換），高效的電源模組。

　　微處理器是智慧感測器的核心，它不但可以對感測器測量資料進行計算、儲存、資料處理，還可以通過回饋迴路對感測器進行調節。由於微處理器充分發揮各種軟體的功能，可以完成硬體難以完成的任務，從而能有效地降低製造難度，提高感測器性能，降低成本。圖 3-28 為典型的智慧感測器結構組成示意圖。

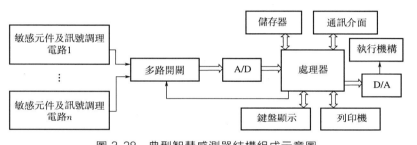

圖 3-28　典型智慧感測器結構組成示意圖

　　智慧感測器的訊號感知器件往往有主感測器和輔助感測器兩種。以智慧壓力感測器為例，主感測器是壓力感測器，測量被測壓力參數，輔助感測器是溫度感測器和環境壓力感測器。溫度感測器檢測主感測器工作時，由於環境溫度變化或被測介質溫度變化而使其壓力敏感元件溫度發生變化，以便根據其溫度變化修正和補償由於溫度變化對測量帶來的誤差。環境壓力感測器則測量工作環境大氣壓變化，以修正其影響。微處理器硬體系統對感測器輸出的微弱訊號進行放大、處理、儲存和與電腦通訊。

　　(3) 智慧感測器的關鍵技術

　　不論智慧感測器是分離式的結構形式還是集成式的結構形式，其智慧化核心為微處理器，許多特有功能都是在最少硬體基礎上依靠強大的軟體優勢來實現的，而各種軟體則與其實現原理及算法直接相關。

　　① 間接感測　是指利用一些容易測得的過程參數或物理參數，通過尋找這些過程參數或物理參數與難以直接檢測的目標被測變數的關係，建立感測數學模型，採用各種計算方法，用軟體實現待測變數的測量。智慧感測器間接感測核心在於建立感測模型。模型可以通過有關的物理、化學、生物學方面的原理方程建立，也可以用模型辨識的方法建立，不

同方法在應用中各有其優缺點。

a. 基於工藝機理的建模方法。該建模方法建立在對工藝機理深刻認識的基礎上，通過列寫宏觀或微觀的質量平衡、能量平衡、動量平衡、相平衡方程以及反應動力學方程等來確定難測的主導變數和易測的輔助變數之間的數學關係。基於機理建立的模型可解釋性強、外推性能好，是較理想的間接感測模型。機理建模具有如下幾個特點：同對象的機理模型無論在結構上還是在參數上都千差萬別，模型具有專用性；機理建模過程中，從反映本徵動力學和各種設備模型的確立、實際裝置傳熱傳質效果的表徵到大量參數（從實驗室設備到實際裝置）的估計，每一步均較複雜；機理模型一般由代數方程組、微分方程組或偏微分方程組組成，當模型結構龐大時，求解計算量大。

b. 基於資料驅動的建模方法。對於機理尚不清楚的對象，可以採用基於資料驅動的建模方法建立軟測量模型。該方法從歷史輸入輸出資料中提取有用資訊，構建主導變數與輔助變數之間的數學關係。由於無需了解太多的過程知識，基於資料驅動的建模方法是一種重要的間接感測建模方法。根據對象是否存在非線性，建模方法又可以分為線性回歸建模方法、人工神經網路建模方法和模糊建模方法等。線性回歸建模方法是通過收集大量輔助變數的測量資料和主導變數的分析資料，運用統計方法將這些資料中隱含的對象資訊進行提取，從而建立主導變數和輔助變數之間的數學模型。

人工神經網路建模方法則根據對象的輸入輸出資料直接建模，將過程中易測的輔助變數作為神經網路的輸入，將主導變數作為神經網路的輸出，通過網路學習來解決主導變數的間接感測建模問題。該方法無需具備對象的先驗知識，廣泛應用於機理尚不清楚且非線性嚴重的系統建模中。

模糊建模是人們處理複雜系統建模的另一個有效工具，在間接感測建模中也得到應用，但用得最多的還是將模糊技術與神經網路相結合的模糊神經網路模型。

c. 混合建模方法。基於機理建模和基於資料驅動建模這兩種方法的局限性引發了混合建模思想，對於存在簡化機理模型的過程，可以將簡化機理模型和基於資料驅動的模型結合起來，互為補充。簡化機理模型提供的先驗知識，可以為基於資料驅動的模型節省訓練樣本；基於資料驅動的模型又能補償簡化機理模型的特性。雖然混合建模方法具有很好的應用前景，但其前提條件是必須存在簡化機理模型。

需要說明的是，間接感測模型性能的好壞受輔助變數的選擇、感測

資料變換、感測資料的預處理、主輔變數之間的時序匹配等多種因素制約。

② 線性化校正　理想感測器的輸入物理量與轉換訊號呈現線性關係，線性度越高，則感測器的精度越高。但實際上大多數感測器的特性曲線都存在一定的非線性誤差。

智慧感測器能實現感測器輸入-輸出的線性化。突出優點在於不受限於前端感測器、調理電路至 A/D 轉換的輸入-輸出特性的非線性程度，僅要求輸入 x-輸出 u 特性重複性好。智慧感測器線性化校正原理框圖如圖 3-29 所示。其中，感測器、調理電路至 A/D 轉換器的輸入 x-輸出 u 特性如圖 3-30(a) 所示，微處理器對輸入按圖 3-30(b) 進行反非線性變換，使其輸入 x 與輸出 y 為線性或近似線性關係，如圖 3-30(c) 所示。

圖 3-29　智慧感測器線性化校正原理框圖

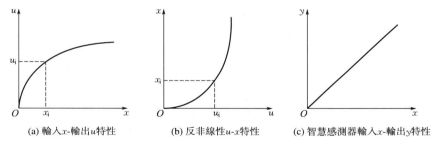

(a) 輸入x-輸出u特性　　(b) 反非線性u-x特性　　(c) 智慧感測器輸入x-輸出y特性

圖 3-30　智慧感測器輸入-輸出特性線性化

目前非線性自動校正方法主要有查表法、曲線擬合法和神經網路法三種。其中，查表法是一種分段線性插值方法。根據準確度要求對非線性曲線進行分段，用若干折線逼近非線性曲線。神經網路法利用神經網路來求解反非線性特性擬合多項式的待定係數。曲線擬合法通常採用 n 次多項式來逼近反非線性曲線，多項式方程的各個係數由最小二乘法確定。曲線擬合法的缺點在於當有噪音存在時，利用最小二乘法原則確定待定係數時可能會遇到病態的情況而無法求解。

③ 自診斷　智慧感測器自診斷技術俗稱「自檢」，要求對智慧感測器自身各部分，包括軟體資源和硬體資源進行檢測，以驗證感測器能否正常工作，並提示相關資訊。

　　感測器故障診斷是智慧感測器自檢的核心內容之一，自診斷程式應判斷感測器是否有故障，並實現故障定位、判別故障類型，以便後續操作中採取相應的對策。對感測器進行故障診斷主要以感測器的輸出為基礎，一般有硬體冗餘診斷法、基於數學模型的診斷法和基於訊號處理的診斷法等。

　　a. 硬體冗餘診斷法。對容易失效的感測器進行冗餘備份，一般採用兩個、三個或者四個相同感測器來測量同一個被測量（見圖 3-31），通過冗餘感測器的輸出量進行相互比較以驗證整個系統輸出的一致性。一般情況下，該方法採用兩個冗餘感測器可以診斷有無感測器故障，採用三個或者三個以上冗餘感測器可以分離發生故障的感測器。

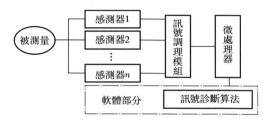

圖 3-31　硬體冗餘診斷法示意圖

　　b. 基於數學模型的診斷法。通過各測量結果之間或者測量結果序列內部的某種關聯，建立適當的數學模型來表徵測量系統的特性，通過比較模型輸出與實際輸出之間的差異來判斷是否有感測器故障。

　　c. 基於訊號處理的診斷法。直接對檢測到的各種訊號進行加工、交換以提取故障特徵，迴避了基於模型方法需要抽取對象數學模型的難點。基於訊號處理的診斷方法雖然可靠，但也有局限性，如某些狀態發散導致輸出量發散的情況，該方法不適用；另外，閾值選擇不當，也會造成該方法的誤報或者漏報。

　　d. 基於人工智慧的故障診斷法。

　　• 基於專家系統的診斷方法在故障診斷專家系統的知識庫中，儲存了某個對象的故障徵兆、故障模式、故障成因、處理意見等內容，專家系統在推理機構的指導下，根據使用者的資訊，運用知識進行推理判斷，將觀察到的現象與潛在的原因進行比較，形成故障判據。

　　• 基於神經網路的診斷方法可利用神經網路強大的自學習功能、並行處理能力和良好的容錯能力，神經網路模型由診斷對象的故障診斷事例集經訓練而成，避免了解析冗餘中實時建模的需求。

④ 動態特性校正　在利用感測器對瞬變訊號實施動態測量時，感測器由於機械慣性、熱慣性、電磁儲能元件及電路充放電等多種原因，使得動態測量結果與真值之間存在較大的動態誤差，即輸出量隨時間的變化曲線與被測量的變化曲線相差較大。因此，需要對感測器進行動態校正。

在智慧感測器中，對感測器進行動態校正的方法大多是用一個附加的校正環節與感測器相連（見圖 3-32），使合成的總傳遞函數達到理想或近乎理想（滿足準確度要求）狀態。主要方法如下。

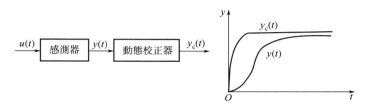

圖 3-32　動態校正原理示意圖

a. 用低階微分方程表示感測器動態特性。使補償環節傳遞函數的零點與感測器傳遞函數的極點相同，通過零極點抵消的方法實現動態補償。該方法要求確定感測器的數學模型。由於確定數學模型時的簡化和假設，這種動態補償器的效果受到限制。

b. 按感測器的實際特性建立補償環節。根據感測器對輸入訊號響應的實測參數以及參考模型輸出，通過系統辨識的方法設計動態補償環節。由於實際測量系統不可避免地存在各種噪音，辨識得到的感測器動態補償環節存在一定誤差。

對感測器特性採取中間補償和軟體校正的核心是要正確描述感測器觀測到的資料和觀測方式、輸入輸出模型，然後再確定其校正環節。

⑤ 自校準與自適應量程

a. 自校準。自校準在一定程度上相當於每次測量前的重新定標，以消除感測器的系統漂移。自校準可以採用硬體自校準、軟體自校準和軟硬體結合的方法。

智慧感測器的自校準過程通常分為以下三個步驟：校零——輸入訊號的零點標準值，進行零點校準；校準——輸入訊號標準值；測量——對輸入訊號進行測量。

b. 自適應量程。智慧感測器的自適應量程，要綜合考慮被測量的數值範圍，以及對測量準確度、解析度的要求等諸因素來確定增益（含衰

減）擋數的設定和確定切換擋的原則，這些都依具體問題而定。

⑥ 電磁兼容性　是指感測器在電磁環境中的適應性，即能保持其固有性能，完成規定功能的能力。它要求感測器與在同一時空環境的其他電子設備相互兼容，既不受電磁干擾的影響，也不會對其他電子設備產生影響。電磁兼容性作為智慧感測器的性能指標，受到越來越多的重視。

智慧感測器的電磁干擾包括感測器自身的電磁干擾（元器件噪音、寄生耦合、地線干擾等）和來自感測器外部的電磁干擾（宇宙射線和雷電、外界電氣電子設備干擾等）。一般來說，抑制感測器電磁干擾可以從減少噪音訊號能量、破壞干擾路徑、提高自身抗干擾能力幾個方面考慮。

a. 電磁屏蔽。屏蔽是抑制干擾耦合的有效途徑。當晶片工作在高頻時，電磁兼容問題十分突出。較好的辦法是，在晶片設計中就將敏感部分用屏蔽層加以屏蔽，並使晶片的屏蔽層與電路的屏蔽相連。在感測器內，凡是受電磁場干擾的地方，都可以用屏蔽的辦法來削弱干擾，以確保感測器正常工作。對於不同的干擾場要採取不同的屏蔽方法，如電屏蔽、磁屏蔽、電磁屏蔽，並將屏蔽體良好接地。

b. 元器件選用。採用降額原則並選用高精密元器件，以降低元器件本身的熱噪音，減小感測器的內部干擾。

c. 接地。接地是消除傳導干擾耦合的重要措施。在訊號頻率低於1MHz時，屏蔽層應一點接地。因為多點接地時，屏蔽層對地形成迴路，若各接地點電位不完全相等，就有感應電壓存在，容易發生感性耦合，使屏蔽層中產生噪音電流，並經分布電容和分布電感耦合到訊號迴路。

d. 濾波。濾波是抑制傳導干擾的主要手段之一。由於干擾訊號具有不同於有用訊號的頻譜，濾波器能有效抑制干擾訊號。提高電磁兼容性的濾波方法，可分為硬體濾波和軟體濾波。π型濾波是許多標準上推薦的硬體濾波方法。軟體濾波依靠數字濾波器，是智慧感測器所獨有的提高抗電磁干擾能力的手段。

e. 合理設計電路板。感測器所處空間往往較小，多屬於近場區輻射。設計時應盡量減少閉合迴路所包圍的面積，減少寄生耦合干擾與輻射發射。在高頻情況下，印製電路板與元器件的分布電容與電感不可忽視。

3.8.2　智慧感測器的功能與特點

(1) 智慧感測器的功能

智慧感測器主要有以下功能。

① 具有自動調零、自校準、自標定功能。智慧感測器不僅能自動檢測各種被測參數，還能進行自動調零、自動調平衡、自動校準，某些智

慧感測器還能自動完成標定工作。

② 具有邏輯判斷和資訊處理功能，能對被測量進行訊號調理或訊號處理（對訊號進行預處理、線性化，或對溫度、靜壓力等參數進行自動補償等）。例如，在帶有溫度補償和靜壓力補償的智慧差壓感測器中，當被測量的介質溫度和靜壓力發生變化時，智慧感測器的補償軟體能自動依照一定的補償算法進行補償，以提高測量精度。

③ 具有自診斷功能。智慧感測器通過自檢軟體，能對感測器和系統的工作狀態進行定期或不定期的檢測，診斷出故障的原因和位置並做出必要的響應，發出故障報警訊號，或在電腦螢幕上顯示出操作提示。

④ 具有組態功能，使用靈活。在智慧感測器系統中可設置多種模組化的硬體和軟體，使用者可通過微處理器發出指令，改變智慧感測器的硬體模組和軟體模組的組合狀態，完成不同的測量功能。

⑤ 具有資料儲存和記憶功能，能隨時存取檢測資料。

⑥ 具有雙向通訊功能，能通過各種標準總線介面、無線協議等直接與微型電腦及其他感測器、執行器通訊。

（2）智慧感測器的特點

與傳統感測器相比，智慧感測器主要有以下特點。

① 高精度　智慧感測器有多項功能來保證它的高精度，如通過自動校零去除零點，與標準參考基準實時對比以自動進行整體系統標定，自動進行整體系統的非線性等系統誤差的校正，通過對採集的大量資料進行統計處理以消除偶然誤差的影響等，從而保證了智慧感測器的測量精度及分辨力都得到大幅度提高。

② 寬量程　智慧感測器的測量範圍很寬，並具有很強的過載能力。

③ 高信噪比與高分辨力　由於智慧感測器具有資料儲存、記憶與資訊處理功能，通過軟體進行數字濾波、相關分析等處理，可以去除輸入資料中的噪音，將有用訊號提取出來；通過資料融合、神經網路技術，可以消除多參數狀態下交叉靈敏度的影響，從而保證在多參數狀態下對特定參數測量的分辨能力。

④ 自適應能力強　智慧感測器具有判斷、分析與處理功能，它能根據系統工作情況決策各部分的供電情況，與高/上位電腦的資料傳送速率，使系統工作在最佳低功耗狀態並優化傳送效率。

⑤ 高 CP 值　智慧感測器所具有的上述高性能，不是像傳統感測器技術用追求感測器本身的完善、對感測器的各個環節進行精心設計與調試、進行「手工藝品」式的精雕細琢來獲得的，而是通過與微處理器、微型電腦相結合，採用廉價的集成電路工藝和晶片以及強大的軟體來實

現的，因此其 CP 值高。

⑥ 超小型化、微型化　隨著微電子技術的迅速推廣，智慧感測器正朝著短、小、輕、薄的方向發展，以滿足航空、航太及國防尖端技術領域的需求，同時也為一般工業和民用設備的小型化、便攜發展創造了條件。

⑦ 低功耗　降低功耗對智慧感測器具有重要意義。這不僅能簡化系統電源及散熱電路的設計，延長智慧感測器的使用壽命，還為進一步提高智慧感測器晶片的集成度創造了有利條件。

智慧感測器普遍採用大規模或超大規模 CMOS 電路，使感測器的耗電量大為降低，有的可用疊層電池甚至鈕釦電池供電。暫時不進行測量時，還可採用待機模式將智慧感測器的功耗降至更低。

3.8.3　智慧感測器在機器人中的應用

智慧感測器技術的應用，讓工業機器人變得智慧了許多，智慧感測器為機器人增加了感覺，為智慧機器人高精度智慧化的工作提供了基礎。下面介紹幾種智慧機器人中所採用的智慧感測器。

（1）二維視覺智慧感測器

二維視覺智慧感測器主要是一個攝影機，它可以完成物體運動的檢測以及定位等功能，二維視覺智慧感測器已經出現了很長時間，許多智慧相機可以配合協調工業機器人的行動路線，根據接收到的資訊對機器人的行為進行調整。

（2）三維視覺智慧感測器

目前三維視覺智慧感測器逐漸興起，三維視覺系統必須具備兩個攝影機在不同角度進行拍攝，這樣物體的三維模型可以被檢測識別出來。相比於二維視覺系統，三維感測器可以更加直觀地展現事物。

（3）力扭矩智慧感測器

力扭矩智慧感測器是一種可以讓機器人「知道」力的智慧感測器，可以對智慧機器人手臂上的力進行監控，根據資料分析，對智慧機器人接下來行為做出指導。

（4）碰撞檢測智慧感測器

對工業智慧機器人尤其是合作機器人最大的要求就是安全，要營造一個安全的工作環境，就必須讓智慧機器人識別什麼是不安全的。一個碰撞感測器的使用，可以讓機器人理解自己碰到了什麼東西，並且發送

一個訊號暫停或者停止機器人的運動。

（5）安全智慧感測器

與上面的碰撞檢測感測器不同，使用安全感測器可以讓工業機器人感覺到周圍存在的物體，安全感測器的存在，避免機器人與其他物體發生碰撞。

（6）其他智慧感測器

除了這些還有其他許多智慧感測器，比如焊接縫隙追蹤感測器，要想做好焊接工作，就需要配備一個這樣的智慧感測器，還有觸覺感測器等。

智慧感測器為工業機器人帶來了各種感覺，這些感覺幫助機器人變得更加智慧化，工作精確度更高。

3.9 無線感測器網路技術

隨著自動化技術的推動，尤其是現場總線控制系統（fieldbus control system，FCS）發展的要求，目前已發展出了多種通訊模式的現場總線網路化智慧感測器/變送器。

隨著社會的進步與發展，人們在更廣泛的領域提出感測器系統的網路化需求，如大型機械的多點遠端監測、環境地區的多點監測、危重病人的多點監測與遠端會診、電能的自動實時抄表系統以及遠端教學實驗等，無線感測器網路的重要性日益凸顯。

無線感測器網路（wireless sensor network，WSN）是由大量依據特定的通訊協議，可進行相互通訊的智慧無線感測器節點組成的網路，綜合了微型感測器技術、通訊技術、嵌入式計算技術、分布式資訊處理以及集成電路技術，能夠合作地實時監測、感知和採集網路分布區域內的各種環境或監測對象的資訊，並對這些資訊進行處理和傳送，在工業、農業、軍事、空間、環境、醫療、家庭及商務等領域具有極其廣泛的應用前景。

無線感測器網路的研究起步於 1990 年代末期引起了學術界、軍事界和工業界的極大關注，美國和歐洲相繼啓動了許多無線感測器網路的研究計劃。特別是美國通過國家自然基金委、國防部等多種管道投入巨資支持感測器網路技術的研究。

在中國，無線感測器網路領域的研究也發展很快，已經在很多研究所和大學廣泛展開。其研究的熱點、難點包括：設計小型化的節點設備；

開發適合感測器節點的嵌入式實時操作系統；無線感測器網路體系結構
及各層協議；時間同步機制與算法、感測器節點的自身定位算法和以其
為基礎的外部目標定位算法等。

特別是進入 21 世紀後，對無線感測器網路的核心問題有了許多新穎
的解決方案，但是，這個領域從總體上來說尚屬於起步階段，目前還有
許多問題亟待解決。

3.9.1 無線感測器網路的特點

（1）系統特點

無線感測器網路是一種分布式感測網路，它的末梢是可以感知和檢
查外部世界的感測器。無線感測器網路中的感測器通過無線方式通訊，
因此網路設置靈活，設備位置可以隨時更改，還可以與 Internet 進行有
線或無線方式的連接。

無線感測器網路是由大量無處不在、具有無線通訊和計算能力的微
小感測器節點構成的自組織分布式網路系統，是能根據環境自主完成指
定任務的「智慧」系統，具有群體智慧自主自治系統的行為實現和控制
能力，能合作地感知、採集和處理網路覆蓋的地理區域中感知對象的資
訊，並發送給觀測者。

（2）技術特點

無線感測器網路系統中大量的感測器節點隨機部署在檢測區域或附
近，這些感測器節點無須人員值守。節點之間通過自組織方式構成無線
網路，以合作的方式感知、採集和處理網路覆蓋區域中特定的資訊，可
以實現對任意地點的資訊在任意時間採集、處理和分析。監測的資料沿
著其他感測器節點通過多跳中繼方式傳回匯聚節點，最後藉助匯聚鏈路
將整個區域內的資料傳送到遠端控制中心進行集中處理。使用者通過管
理節點對感測網路進行配置和管理，發布監測任務以及收集監測資料。

目前，常見的無線網路包括移動通訊網、無線局域網、藍牙網路、
Ad hoc 網路等，與這些網路相比，無線感測器網路具有以下技術特點：

① 感測器節點體積小，電源容量有限　節點由於受價格、體積和功
耗的限制，其計算能力、程式空間和記憶體空間比普通的電腦功能要弱
很多。這一點決定了在節點操作系統設計中，協議層次不能太複雜。網
路節點由電池供電，電池的容量一般不是很大。有些特殊的應用領域決
定了在使用過程中，不能給電池充電或更換電池，因此在感測器網路設
計過程中，任何技術和協議的使用都要以節能為前提。

② 計算和儲存能力有限　由於無線感測器網路應用的特殊性，要求感測器節點的價格低、功耗小，這必然導致其攜帶的處理器能力比較弱，儲存器容量比較小。因此，如何利用有限的計算和儲存資源，完成諸多協同任務，也是無線感測器網路技術面臨的挑戰之一。事實上，隨著低功耗電路和系統設計技術的提高，目前已經開發出很多超低功耗微處理器。同時，一般感測器節點還會配上一些外部儲存器，目前的 Flash 儲存器是一種可以低電壓操作、多次寫、無限次讀的非易失儲存介質。

③ 無中心和自組織　無線感測器網路中沒有嚴格的控制中心，所有節點地位平等，是一個對等式網路。節點可以加入或離開網路，任何節點的故障不會影響整個網路的運行，具有很強的抗毀性。網路的布設和展開無需依賴於任何預設的網路設施，節點通過分層協議和分布式算法協調各自的行為，節點開機後就可以快速、自動地組成一個獨立的網路。

④ 網路動態性強　無線感測器網路是一個動態的網路，節點可以隨處移動：一個節點可能會因為電池能量耗盡或其他故障，退出網路運行；一個節點也可能由於工作的需要而被添加到網路中。這些都會使網路的拓撲結構隨時發生變化，因此網路應該具有動態拓撲組織功能。

⑤ 感測器節點數量大且具有自適應性　無線感測器網路中感測器節點密集，數量巨大。此外，無線感測器網路可以分布在很廣泛的地理區域，網路的拓撲結構變化很快，而且網路一旦形成，很少有人為干預，因此無線感測器網路的軟、硬體必須具有高健壯性和容錯性，相應的通訊協議必須具有可重構和自適應性。

⑥ 多跳路由　網路中節點通訊距離有限，一般在幾百公尺範圍內，節點只能與它的鄰居直接通訊。如果希望與其射頻覆蓋範圍之外的節點進行通訊，則需要通過中間節點進行路由。固定網路的多跳路由使用網關和路由器來實現，而無線感測器網路中的多跳路由是由普通網路節點完成的，沒有專門的路由設備。這樣每個節點既可以是資訊的發起者，也可以是資訊的轉發者。圖 3-33 是一個多跳的示意圖。

圖 3-33　一個多跳的示意圖

3.9.2　無線感測器網路體系結構

（1）網路結構

　　無線感測器網路是由部署在監測區域內大量的微型感測器通過無線通訊方式形成的一個多跳的自網路系統。其目的是合作地感知、採集和處理網路覆蓋區域中被感知對象的資訊，並經過無線網路發送給觀察者。感測器、感知對象和觀察者構成了無線感測器網路的三個要素。無線感測器網路體系結構如圖 3-34 所示。

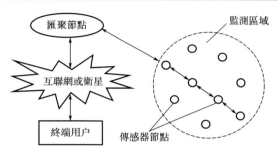

圖 3-34　無線感測器網路體系結構

　　無線感測器網路系統通常包括感測器節點（sensor node）、匯聚節點（sink node）和管理節點。大量感測器節點隨機部署在監測區域（sensor field）內部或附近，能夠通過自組織方式構成網路。感測器節點監測的資料沿著其他感測器節點逐跳地進行傳輸，在傳輸過程中監測資料可能被多個節點處理，經過多跳路由後到匯聚節點，最後通過 Internet 或衛星到達管理節點。使用者通過管理節點對感測器網路進行配置和管理，發布監測任務以及收集監測資料。

　　無線感測器網路節點的組成和功能包括以下 4 個基本單元。

　　① 感測單元　由感測器和模/數轉換功能模組組成，感測器負責對感知對象的資訊進行採集和資料轉換。

　　② 處理單元　由嵌入式系統構成，包括 CPU、儲存器、嵌入式操作系統等。處理單元負責控制整個節點的操作，儲存和處理自身採集的資料以及感測器其他節點發來的資料。

　　③ 通訊單元　由無線通訊模組組成，無線通訊負責實現感測器節點之間以及感測器節點與使用者節點、管理控制節點之間的通訊，互動控制消息和收/發業務資料。

④ 電源部分　網路節點大部分由乾電池或蓄電池供電，電池的容量一般不大。

此外，可以選擇的其他功能單元包括定位系統、運動系統以及發電裝置等。

（2）節點結構

一個典型的感測器網路節點主要由感測器模組、處理器模組、無線通訊模組和能量供應模組四部分組成，如圖 3-35 所示。感測器模組負責監測區域內資訊的採集和資料轉換；處理器模組負責控制整個感測器節點的操作、儲存和處理本身採集的資料以及其他節點發來的資料；無線通訊模組負責與其他感測器網路節點進行無線通訊、交換控制資訊和收發採集資料；能量供應模組為感測器網路節點提供運行所需要的能量。

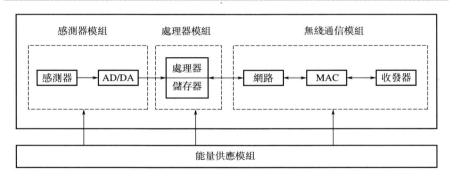

圖 3-35　無線感測器節點的構成

（3）通訊體系結構

開放式系統互連（open system interconnect，OSI）網路參考模型共有 7 個層次，從底向上依次是物理層、資料鏈路層、網路層、傳輸層、會話層、表示層和應用層。除物理層和應用層外，其餘各層都和相鄰上下兩層進行通訊。例如傳統的無線網路和現有的互聯網，就是採用類似的協議分層設計結構模型，只不過根據功能的優化和合併做了一些簡化，將網路層上面的 3 層合併為一個整體的應用層，從而簡化了協議棧的設計。因此，互聯網是典型的 5 層結構。無線感測器網路協議棧也是 5 層模型，分別對應 OSI 參考模型的物理層、資料鏈路層、網路層、傳輸層和應用層，同時無線感測器網路協議體系結構中定義了跨層管理技術和應用支持技術，比如能量管理、拓撲管理等，如圖 3-36 所示。

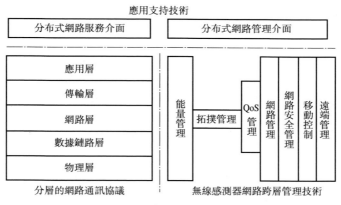

應用支持技術

分布式網路服務介面　　分布式網路管理介面

| 應用層 |
| 傳輸層 |
| 網路層 |
| 數據鏈路層 |
| 物理層 |

能量管理　拓撲管理　QoS管理　網路管理　網路安全管理　移動控制　遠端管理

分層的網路通訊協議　　無線感測器網路跨層管理技術

圖 3-36　無線感測器網路協議體系結構

　　物理層負責對收集到的資料進行抽樣量化，以及訊號的調變、發送與接收，也就是進行比特流的傳輸。資料鏈路層考慮到網路環境存在噪音和感測器節點的移動，主要負責資料流的多路技術、資料幀檢測、介質訪問控制，以及差錯控制，減少臨近節點廣播的衝突，保證可靠的點到點、點到多點通訊。網路層維護傳輸層提供的資料流，主要完成資料的路由轉發，實現感測器與感測器、感測器與資訊接收中心之間的通訊。路由技術負責路由生成和路由選擇。如果資訊只是在無線感測器內部傳遞，傳輸層可以不需要，但是從實際應用來看，無線感測器網路需要和外部的網路進行通訊來傳遞資料，這時需要傳輸層提供無線感測器網路內部以資料為基礎的尋址方式變換為外部網路的尋址方式，也就是完成資料格式的轉換功能。應用層由各種感測器網路應用軟體系統構成，為使用者開發各種感測器網路應用軟體提供有效的軟體開發環境和軟體工具。

3.9.3　無線感測器網路的關鍵技術

　　無線感測器網路的基本概念早在幾十年前已經被提出。當時，由於感測器、電腦和無線通訊等技術的限制，這一概念只是一種想象，還無法成為能夠廣泛應用的一種網路技術，其應用主要局限於軍用系統。近年來，隨著微機電系統、無線通訊技術和低成本製造技術的進步，使得開發與生產具有感知、處理和通訊能力的低成本智慧感測器成為可能，從而促進了無線感測器網路及其應用的迅速發展。

（1）微機電系統技術

微機電系統技術是製造微型、低成本、低功耗感測器節點的關鍵技

術，這種技術建立在製造微米級機械部件的微型機械加工技術基礎上，通過採用高度集成工序，能夠製造出各種機電部件和複雜的微機電系統。微型機械加工技術有不同的種類，如平面加工、批量加工、表面加工等，它們採用不同的加工工序。大部分微型機械加工工序都是在一個 $10\sim100\mu m$ 厚，由矽、晶狀半導體或石英晶體組成的基片上，完成一系列加工步驟，比如薄膜分解、照相平版印刷、表面蝕刻、氧化、電鍍、晶片接合等，不同的加工工序可以有不同的加工步驟。通過將不同的部件集成到一個基片上，可以大大減小感測器節點的尺寸。採用微機電系統技術，可以將感測器節點的許多部件微型化，比如感測器、通訊模組和供電單元等，通過批量生産還可以大大降低節點的成本以及功率損耗。

（2）無線通訊技術

無線通訊技術是保證無線感測器網路正常運作的關鍵技術。在過去的數十年中，無線通訊技術在傳統無線網路領域已經得到廣泛的研究，並在各個方面取得了重大進展。在物理層，已經設計出各種不同的調變、同步、天線技術，用於不同的網路環境，以滿足不同的應用要求。在鏈路層、網路層和更高層上，已開發出各種高效的通訊協議，以解決各種不同的網路問題，如信道接入控制、路由、服務品質、網路安全等。這些技術和協議為無線感測器網路無線通訊方面的設計提供了豐富的技術基礎。

目前，大多數傳統的無線網路都使用射頻（radio frequency，RF）進行通訊，包括微波和毫米波，其主要原因是射頻通訊不要求視距（line of sight）傳輸，能提供全向連接。然而，射頻通訊也有一些局限性，比如輻射大、傳輸效率低等，因此其不是適合微型、能量有限感測器通訊的最佳傳輸媒體。無線光通訊（optical radio communication）是另一種可能適合感測器網路通訊的傳輸媒體。與射頻通訊相比，無線光通訊有許多優點。例如，光發射器可以做得非常小；光訊號發射能夠獲得很大的天線增益，從而提高傳輸效率；光通訊具有很強的方向性，使其能夠使用空分多址（spatial division multiple access，SDMA），減少通訊開銷，並且有可能比射頻通訊中使用的多址方式獲得更高的能量效率。但是，光通訊要求視距傳輸，這一點限制了其在許多感測器網路中的應用。

對於傳統的無線網路（如蜂窩通訊系統、無線局域網、移動自組網等）來說，大部分通訊協議的設計都未考慮無線感測器網路的特殊問題，因此不能直接在感測器網路中使用。為了解決無線感測器網路中各種特有的網路問題，在通訊協議的設計中，必須充分考慮無線感測器網路的特徵。

3.9.4 硬體與軟體平臺

　　無線感測器網路的發展很大程度上取決於能否研製和開發出適用於感測器網路的低成本、低功耗的硬體和軟體平臺。採用微機電系統技術，可以大大減小感測器節點的體積和降低成本。為了降低節點的功耗，在硬體設計中可以採用能量感知技術和低功率電路與系統設計技術。同時，還可以採用動態功率管理（dynamic power management，DPM）技術來高效地管理各種系統資源，進一步降低節點的功耗。例如，當節點負載很小或沒有負載需要處理時，可以動態地關閉所有空閒部件或使它們進入低功耗休眠狀態，從而大大降低節點的功耗。另外，如果在系統軟體的設計中採用能量感知技術，也能夠大大提高節點的能量效率。感測器節點的系統軟體主要包括操作系統、網路協議和應用協議。在操作系統中，任務調度器負責在一定的時間約束條件下調度系統的各項任務。如果在任務調度過程中採用能量感知技術，將能夠有效延長感測器節點的壽命。

　　目前，許多低功率感測器硬體和軟體平臺的開發都採用了低功率電路與系統設計技術和功率管理技術，這些平臺的出現和商用化進一步促進了無線感測器網路的應用和發展。

　　(1) 硬體平臺

　　感測器節點的硬體平臺可以劃分為 3 類：增強型通用個人電腦、專用感測器節點和基於片上系統（system-on-chip，SoC）的感測器節點。

　　① 增強型通用個人電腦　這類平臺包括各種低功耗嵌入式個人電腦（如 PCI04）和個人數字助理（personal digital assistant，PDA），它們通常運行市場上已有的操作系統（如 Windows CE 或 Linux），並使用標準的無線通訊協議（如 IEEE 802.11 或 Bluetooth）。與專用感測器節點和片上系統感測器節點相比，這些類似個人電腦的平臺具有更強的計算能力，從而能夠包含更豐富的網路協議、編程語言、中間件、應用編程介面（API）和其他軟體。

　　② 專用感測器節點　這類平臺包括 Berkeley Motes、UCLA Medusa 等系列，這些平臺通常使用市場上已有的晶片，具有波形因素小、計算和通訊功耗低、感測器介面簡單等特點。

　　③ 基於片上系統的感測器節點　這類平臺包括 Smart Dust 等，它們基於 CMOS、MEMS 和 RF 技術，目標是實現超低功耗和小焊墊（foot-print），並具有一定的感知、計算和通訊能力。

在上述平臺中，Berkeley Motes 因其波形因素小、源碼開放和商用化程度高等特點，在感測器網路研究領域得到了廣泛使用。

（2）軟體平臺

軟體平臺可以是一個提供各種服務的操作系統，包括文件管理、內存分配、任務調度、外設驅動和聯網，也可以是一個為程式員提供組件庫的語言平臺。典型的感測器軟體平臺包括 TinyOS、nesC、TinyGALS 等。TinyOS 是在資源受限的硬體平臺（如 Berkeley Motes）上支持感測器網路應用的最早期的操作系統之一。這種操作系統由事件驅動，僅使用 178 個字節的記憶體，但能夠支持通訊、多任務處理和代碼模組化等功能。nesC 是 C 語言的擴展，用以支持 TinyOS 的設計，提供了一組實現 TinyOS 組件和應用的語言構件和限制規定。TinyGALS 是一種用於 TinyOS 的語言，它提供了一種由事件驅動併發執行多個組件線程的方式。與 nesC 不同，TinyGALS 是在系統級而不是在組件級解決併發性問題。

3.9.5　無線感測器網路與 Internet 的互聯

在大多數情況下，無線感測器網路都是獨立工作的。對於一些重要的應用，將無線感測器網路連接到其他的網路是非常必要的。例如，在災害監測應用中，將部署在環境惡劣的災害區域內的感測器網路連接到 Internet 上，感測器網路可以將資料通過衛星鏈路傳送到網關，而網關連接到 Internet 上使得監控人員能夠取得災害區域內的實時資料。解決無線感測器網路與 Internet 互聯的兩種主要方案是：同構網路和異構網路。

同構網路指在無線感測網和 Internet 之間設置一個或多個獨立網關節點，實現無線感測網接入 Internet。除網關節點外，所有節點具有相同的資源。這種結構的主要思路是：利用網關屏蔽感測器網路並向遠端 Internet 使用者提供實時的資訊服務和互操作功能。該網路把與互聯網標準 IP 協議的介面置於無線感測器網路外部的網關節點。這樣做比較符合無線感測器網路的資料流模式，易於管理，無需對無線感測器網路本身進行大的調整；無需調整感測器網路本身。這種結構的缺點是：大量資料流聚集在靠近網關的節點周圍，使網關附近的節點能量消耗過快，網內能耗分布不均勻，從而降低了感測器網路的生存時間。同構網路互聯結構如圖 3-37 所示。

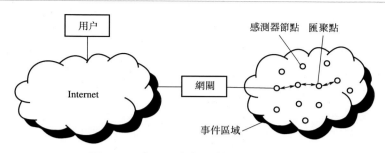

圖 3-37　採用單個網關的同構網路互聯

　　如果網路中部分節點擁有比其他大部分節點更強的能力，並被賦予 IP 地址，這些介面節點可以對 Internet 端實現 TCP/IP 協議，對感測器網路端實現特定的傳輸協議，則這種網路稱為異構網路。這種結構的主要思路是，利用特定節點屏蔽感測器網路並向遠端 Internet 使用者提供實時的資訊服務和互操作功能。為了平衡感測器網路內的負載，可以在這些介面節點之間建立多條管道。異構網路的特點是：部分能量高的節點被賦予 IP 地址，作為與互聯網標準 IP 協議的介面。這些高能力節點可以完成複雜的任務，承擔更多的負荷，難點在於無法對節點的所謂「高能力」有一個明確的定義。圖 3-38 所示為採用介面節點的異構網路互聯。

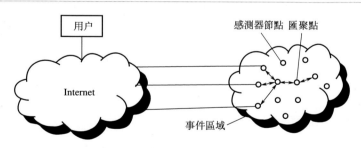

圖 3-38　採用介面節點的異構網路互聯

　　與同構網路互聯相比，異構網路互聯具有更加均勻的能耗分布，並且能更好地在感測器網路內部融合資料流，從而降低資訊冗餘。但是，異構網路互聯需要較大程度地調整感測器網路的路由和傳輸協議，增加了設計和管理感測器網路的複雜度。

第4章
基於視覺的
移動機器人
定位技術

4.1 移動機器人視覺系統

4.1.1 機器人視覺的基本概念

「視覺」一詞首先是一個生物學概念，除了「光作用於生物的視覺器官」這個狹義概念外，其廣義定義還包括了對視覺訊號的處理與識別，即利用視覺神經系統和大腦中樞，通過視覺訊號感知外界物體的大小、顏色、明暗、方位等抽象資訊。視覺是人類獲取外界資訊的重要方式。據統計，人類靠感覺器官獲取的資訊中有 80％是由視覺獲得的。為了使機器人更加智慧，適應各種複雜的環境，視覺技術被引入機器人技術中。通過視覺功能，機器人可以實現產品品質檢測，目標識別、定位、追蹤，自主導航等功能。

隨著科學技術的發展，尤其是電腦科學與技術、自動化技術、模式識別等學科的發展，以及自主機器人、工業自動化等應用領域的現實需求，賦予這些智慧機器以人類視覺能力變得尤為重要，並由此形成了一門新的學科——機器視覺。為便於理解，下面對機器視覺中的部分概念簡要進行介紹。

① 攝影機標定（camera calibration） 就是對攝影機的內部參數、外部參數進行求取的過程。通常，攝影機的內部參數又稱內參數（intrinsic parameter），主要包括光軸中心點的圖像座標，成像平面座標到圖像座標的放大係數（又稱為焦距歸一化係數），鏡頭畸變係數等；攝影機的外部參數又稱外參數（extrinsic parameter），是攝影機座標系在參考座標系中的表示，即攝影機座標系與參考座標系之間的變換矩陣。

② 視覺系統標定（vision system calibration） 對攝影機和機器人之間關係的確定稱為視覺系統標定。例如，手眼系統的標定，就是對攝影機座標系與機器人座標系之間關係的求取。

③ 平面視覺（planar vision） 只對目標在平面內的資訊進行測量的視覺系統，稱為平面視覺系統。平面視覺可以測量目標的二維位置資訊以及目標的一維姿態。平面視覺一般採用一臺攝影機，攝影機的標定比較簡單。

④ 立體視覺（stereo vision） 對目標在三維笛卡兒空間內的資訊進行測量的視覺系統，稱為立體視覺系統。立體視覺可以測量目標的三維

位置資訊，以及目標的三維姿態。立體視覺一般採用兩臺攝影機，需要對攝影機的內外參數進行標定。

⑤ 主動視覺（active vision） 對目標主動照明或者主動改變攝影機參數的視覺系統，稱為主動視覺系統。主動視覺可以分為結構光主動視覺和變參數主動視覺。

⑥ 被動視覺（passive vision） 採用自然測量，如雙目視覺就屬於被動視覺。

⑦ 視覺測量（vision measure） 根據攝影機獲得的視覺資訊對目標的位置和姿態進行的測量稱為視覺測量。

⑧ 視覺控制（vision control） 根據視覺測量獲得目標的位置和姿態，將其作為給定或者回饋對機器人的位置和姿態進行的控制，稱為視覺控制。簡而言之，所謂視覺控制就是根據攝影機獲得的視覺資訊對機器人進行的控制。視覺資訊除通常的位置和姿態之外，還包括對象的顏色、形狀、尺寸等。

4.1.2 移動機器人視覺系統的主要應用領域

視覺是人類獲取資訊最豐富的手段，通常人類大部分的資訊來自眼睛，而對於駕駛員來說，超過 90％的資訊來自視覺。同樣，視覺系統是移動機器人系統的重要組成部分之一，視覺感測器也是移動機器人獲取周圍資訊的感知器件。近十年來，隨著研究人員開展大量的研究工作，電腦視覺、機器視覺等理論不斷發展與完善，移動機器人的視覺系統已經涉及圖像採集、壓縮編碼及傳輸、圖像增強、邊緣檢測、閾值分割、目標識別、三維重建等，幾乎覆蓋機器視覺的各個方面。目前，移動機器人視覺系統主要應用於以下三方面。

① 用視覺進行產品的檢驗，代替人的目檢。包括：形狀檢驗，即檢查和測量零件的幾何尺寸、形狀和位置；缺陷檢驗，即檢查零件是否損壞劃傷；齊全檢驗，即檢查零件是否齊全。

② 對待裝配的零部件逐個進行識別，確定其空間位置和方向，引導機器人的手準確地抓取所需的零件，並放到指定位置，完成分類、搬運和裝配任務。

③ 為移動機器人進行導航，利用視覺系統為移動機器人提供它所在環境的外部資訊，使機器人能自主地規劃它的行進路線，迴避障礙物，安全到達目的地並完成指定工作任務。

移動機器人被賦予人類視覺功能，能像人一樣通過視覺處理，從而

具有從外部環境獲取資訊的能力,這對於提高機器人的環境適應能力及自主能力,最終達到無需人的參與,部分地替代人的工作是極其重要的。視覺系統包括硬體與軟體兩方面。前者奠定了系統的基礎,而後者通常更是不可或缺,它包含了圖像處理的算法及人機互動的介面程式。

4.1.3 移動機器人單目視覺系統

攝影機可以分為模擬攝影機和數碼攝影機。模擬攝影機也稱為電視攝影機,現在用得較少。數碼攝影機即常用的 CCD(charge couple device)攝影機。從移動機器人的視覺技術來看,攝影機可以分為單目、雙目、全景三類。攝影機通常由模型來表示,對於單目攝影機,一般採用最簡單的針孔模型。

(1) 攝影機參考座標系

為了描述光學成像過程,在電腦視覺系統中涉及以下幾種座標系,如圖 4-1 所示。

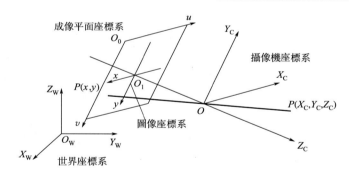

圖 4-1 攝影機座標系

① 圖像座標系(pixel coordinate system) 表示場景中三維點在圖像平面上的投影。攝影機採集的數字圖像在電腦內可以儲存為數組,數組中的每一個元素(像素)的值即是圖像點的亮度(灰度)。如圖 4-1 所示,在圖像上定義直角座標系 u-v,其座標原點在 CCD 圖像平面的左上角,u 軸平行於 CCD 圖像平面水平向右,v 軸垂直於 u 軸垂直向下,每一像素的座標 (u,v) 分別是該像素在數組中的列數和行數。故 (u,v) 是以像素為單位的圖像座標系座標。

② 成像平面座標系(retinal coordinate system) 也稱為圖像物理座標系。由於圖像像素座標系只是表徵像素的位置,而像素並沒有實際

的物理意義。因此，需建立具有物理單位（如毫米）的平面座標系。在 x-y 座標系中，原點 O_1 定義在攝影機光軸和圖像平面的交點處，稱為圖像的主點（principal point）。即座標原點在 CCD 圖像平面的中心 (u_0, v_0)，X 和 Y 軸分別平行於圖像座標系的座標軸，座標用 (x, y) 來表示。該點一般位於圖像中心處，但由於攝影機製作的原因，可能會有些偏離。

③ 攝影機座標系（camera coordinate system） 以攝影機的光心為座標系原點，X_C 軸和 Y_C 軸平行於成像座標系的 X、Y 軸，Z_C 軸為攝影機的光軸，和圖像平面垂直；光軸與成像平面的交點稱為圖像主點，座標系滿足右手法則。將場景點表示成以觀察者為中心的資料形式，用 (X_C, Y_C, Z_C) 表示。由點 P 與 X_C、Y_C、Z_C 軸組成的直角座標系稱為攝影機座標系；OO_1 為攝影機焦距。

④ 世界座標系（world coordinate system） 在環境中還可選擇一個參考座標系來描述攝影機和物體的位置，該座標系稱為世界座標系，也稱為真實座標系或者客觀座標系。用於表示場景點的絕對座標，用 (X_W, Y_W, Z_W) 表示。

（2）攝影機模型

① 針孔模型 透視投影是最常用的成像模型，可以用針孔透視（pinhole perspective）或者中心透視（central perspective）投影模型近似表示。針孔模型是各種攝影機模型中最簡單的一種，它是攝影機的一個近似的線性模型，它實際上只包含透視投影變換以及剛體變換，並不包括攝影機畸變因素，但其卻是其他模型的基礎。針孔模型的特點是所有來自場景的光線均通過一個投影中心，它對應於透鏡的中心。經過投影中心且垂直於圖像平面的直線稱為投影軸或光軸。投射投影產生的是一幅顛倒的圖像，有時會設想一個和實際成像面到針孔等距的正立的虛擬平面。其中 x-y-z 是固定在攝影機上的直角座標系，遵循右手法則，其原點位於投影中心，z 軸與投影重合併指向場景，X_C 軸、Y_C 軸與圖像平面的座標軸 x 和 y 平行，X_C-Y_C 平面與圖像平面的距離 OO_1 為攝影機的焦距 f。

在圖 4-1 描述的圖像座標與物理座標的關係中，O_0 為圖像座標系的原點，圖像像素座標系中 P 點的座標為 (u, v)。假設 (u_0, v_0) 代表 O_1 在 u-v 座標系下的座標，$\mathrm{d}x$ 和 $\mathrm{d}y$ 分別表示每個像素在橫軸 x 和縱軸 y 的物理尺寸，在不考慮畸變的情況下，圖像中任意一個像素在圖像座標系和像素座標系的關係如下：

$$u = \frac{x}{\mathrm{d}x} + u_0 \tag{4-1}$$

$$v = \frac{y}{\mathrm{d}y} + v_0$$

假設物理座標系中的單位為毫米，則 $\mathrm{d}x$ 的單位為毫米/像素。那麼 $x/\mathrm{d}x$ 的單位就是像素，即和 u 的單位一樣。為了方便，將上式用矩陣形式表示為：

$$\begin{bmatrix} u \\ v \\ 1 \end{bmatrix} = \begin{bmatrix} 1/\mathrm{d}x & 0 & u_0 \\ 0 & 1/\mathrm{d}y & v_0 \\ 0 & 0 & 1 \end{bmatrix} \begin{bmatrix} x \\ y \\ 1 \end{bmatrix} \tag{4-2}$$

世界座標系是為了描述相機的位置而被引入的，它在三維環境中描述攝影機和物體的位姿關係。該座標系由 X_W 軸、Y_W 軸和 Z_W 軸組成。任何維的旋轉可以表示為座標向量與合適的方陣的乘積。攝影機座標系和世界座標系之間的關係可以用旋轉矩陣 $\boldsymbol{R}$ 與平移向量 $\boldsymbol{T}$ 來描述。因此，如果已知空間某點 P 在世界座標系和攝影機座標系下的齊次座標分別為 $(X_\mathrm{W}, Y_\mathrm{W}, Z_\mathrm{W}, 1)^\mathrm{T}$ 和 $(X_\mathrm{C}, Y_\mathrm{C}, Z_\mathrm{C}, 1)^\mathrm{T}$，則：

$$\begin{bmatrix} X_\mathrm{C} \\ Y_\mathrm{C} \\ Z_\mathrm{C} \end{bmatrix} = \boldsymbol{R} \begin{bmatrix} X_\mathrm{W} \\ Y_\mathrm{W} \\ Z_\mathrm{W} \end{bmatrix} + \boldsymbol{T} \tag{4-3}$$

式中，$\boldsymbol{R}$ 為正交單位旋轉矩陣；$\boldsymbol{T}$ 為三維平移矢量。對於空間中任意一點 P，在相機座標系與圖像座標系的關係可以寫成：

$$x = f \frac{X_\mathrm{C}}{Z_\mathrm{C}}, y = f \frac{Y_\mathrm{C}}{Z_\mathrm{C}} \tag{4-4}$$

由式(4-2)～式(4-4) 得：

$$Z_\mathrm{C} \begin{bmatrix} u \\ v \\ 1 \end{bmatrix} = \begin{bmatrix} f/\mathrm{d}x & s & u_0 \\ 0 & f/\mathrm{d}y & v_0 \\ 0 & 0 & 1 \end{bmatrix} [\boldsymbol{R} \quad \boldsymbol{T}] \begin{bmatrix} X_\mathrm{W} \\ Y_\mathrm{W} \\ Z_\mathrm{W} \\ 1 \end{bmatrix} = \begin{bmatrix} k_u & s & u_0 \\ 0 & k_v & v_0 \\ 0 & 0 & 1 \end{bmatrix} [\boldsymbol{R} \quad \boldsymbol{T}] \begin{bmatrix} X_\mathrm{W} \\ Y_\mathrm{W} \\ Z_\mathrm{W} \\ 1 \end{bmatrix}$$

$$= \boldsymbol{K} [\boldsymbol{R} \quad \boldsymbol{T}] \begin{bmatrix} X_\mathrm{W} \\ Y_\mathrm{W} \\ Z_\mathrm{W} \\ 1 \end{bmatrix} = \boldsymbol{P} \begin{bmatrix} X_\mathrm{W} \\ Y_\mathrm{W} \\ Z_\mathrm{W} \\ 1 \end{bmatrix} \tag{4-5}$$

式中，$\boldsymbol{P}$ 為 3×4 矩陣，稱為投影矩陣；s 稱為扭轉因子；$k_u = f/$

dx；$k_v = f / \mathrm{d}y$；$\boldsymbol{K}$ 完全由 k_u，k_v，s，u_0，v_0 決定，$\boldsymbol{K}$ 只與攝影機內部結構有關，稱為攝影機內參數矩陣；$\begin{bmatrix} \boldsymbol{R} & \boldsymbol{T} \end{bmatrix}$ 由攝影機相對世界座標系的方位決定，稱為攝影機外部參數。

② 畸變模型　由於針孔模型只是實際攝影機模型的一個近似，另外還存在各種鏡頭畸變和變形，所以實際攝影機的成像要複雜得多。在引入不同的變形修正之後，就形成了各種非線性成像模型。

鏡頭畸變類型主要有 3 種：徑向畸變、離心畸變、薄稜鏡畸變。徑向畸變僅使像點產生徑向位置偏差，而離心畸變和薄稜鏡畸變會使得像點既產生徑向位置偏差，同時也會產生切向位置偏差。

a. 徑向畸變：主要是由鏡頭形狀缺陷所造成的，這類畸變是關於攝影機鏡頭主光軸對稱的。正向畸變又稱為枕形畸變，負向畸變稱為桶形畸變。徑向畸變的數學模型為：

$$\Delta_r = k_1 r^3 + k_2 r^5 + k_3 r^7 + \cdots \tag{4-6}$$

式中，$r = \sqrt{u_d^2 + v_d^2}$，為像點到圖像中心的距離；$k_1, k_2, k_3, \cdots$ 為徑向畸變係數。

b. 離心畸變：是由於光學系統的光學中心和幾何中心不一致所造成的。這類畸變既包含徑向畸變，又包含攝影機鏡頭的主光軸不對稱的切向畸變，其直角座標的形式為：

$$\begin{cases} \Delta_{ud} = 2p_1 u_d v_d + p_2(u_d^2 + 3v_d^2) + \cdots \\ \Delta_{vd} = p_1(3u_d^2 + v_d^2) + 2p_2 u_d v_d + \cdots \end{cases} \tag{4-7}$$

式中，p_1，p_2 為切向畸變係數。

c. 薄稜鏡畸變：是由於鏡頭設計缺陷與加工安裝誤差所造成的，如鏡頭與攝影機成像面有一個小的傾角等。這類畸變相當於在光學系統中附加了一個薄稜鏡，它不僅引起徑向位置的偏差，同時也引起切向的位置偏差。其直角座標形式為：

$$\begin{cases} \Delta_{up} = s_1(u_d^2 + v_d^2) + \cdots \\ \Delta_{vp} = s_2(u_d^2 + v_d^2) + \cdots \end{cases} \tag{4-8}$$

式中，s_1 和 s_2 為薄稜鏡畸變係數。

值得注意的是，目前光學系統的設計、加工以及安裝都可以得到很高的精度，尤其是高價位的鏡頭，所以薄稜鏡畸變很微小，通常可以忽略。一般只考慮徑向畸變和切向畸變，進而只考慮每種畸變的前兩階的畸變係數就可以了，甚至在精度要求不是太高或者鏡頭焦距較長的情況下，可以只考慮徑向畸變。

4.1.4 　移動機器人雙目視覺概述

　　移動機器人的單目視覺在已知對象的形狀和性質或服從某些假定時，雖然能夠從圖像的二維特徵推導出三維資訊，但在一般情況下，從單一圖像中不可能直接得到三維環境資訊。

　　雙目視覺測距法是仿照人類利用雙目感知距離的一種測距方法。人的雙眼從稍有不同的兩個角度去觀察客觀三維世界的景物，由於幾何光學的投影，物點在觀察者左、右兩眼視網膜上的像不是在相同的位置上。這種在兩眼視網膜上的位置差就稱為雙眼視差，它反映了客觀景物的深度（或距離）。雙目立體相機是由兩個固定位置關係的單目相機組成的。首先運用完全相同的兩個或多個攝影機對同一景物從不同位置成像獲得立體像對，通過各種算法匹配出相應像點，從而計算出視差，然後採用基於三角測量的方法恢復距離。立體視覺測距的難點是如何選擇合理的匹配特徵和匹配準則，以保證匹配的準確性。

　　相對於單目相機，雙目立體相機模型需要增加兩個矩陣來對應兩個相機的位置關係，如圖 4-2 所示，$\boldsymbol{R}$、$\boldsymbol{T}$ 分別是旋轉矩陣和平移矩陣。

$$\boldsymbol{R} = \begin{bmatrix} 1 & \cos\theta & \sin\theta \\ \cos\theta & 1 & \sin\theta \\ \sin\theta & \cos\theta & 1 \end{bmatrix} \tag{4-9}$$

$$\boldsymbol{T} = \begin{bmatrix} T_x, T_y, T_z \end{bmatrix} \tag{4-10}$$

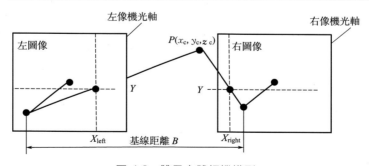

圖 4-2 　雙目立體相機模型

　　各種場景點的深度恢復可以通過計算視差來實現。注意，由於數字圖像的離散特性，視差值是一個整數。在實際應用中，可以使用一些特殊算法使視差計算精度達到子像素級。因此，對於一組給定的攝影機參數，提高場景點深度計算精度的有效途徑是增長基線距離 B，即增大場

景點對應的視差。然而這種大角度立體方法也帶來了一些問題，主要的問題有：

① 隨著基線距離的增加，兩個攝影機共同的可視範圍減小；

② 若場景點對應的視差值增大，則搜索對應點的範圍增大，出現多義性的機率就會增大；

③ 由於透視投影引起的變形導致兩個攝影機獲取的兩幅圖像不完全相同，這就給確定共軛對帶來了困難。

在實際應用中，經常遇到的情況是兩個攝影機的光軸不平行，調整它們平行重合的技術即是攝影機的標定。當兩條外極線不完全在一條直線上，即垂直視差不為零時，為了簡單起見，雙目立體算法中的許多算法都假設垂直視差為零。

4.2 攝影機標定方法

攝影機的標定是電腦視覺研究的基礎，在三維重建以及目標追蹤定位方面具有重要的應用。攝影機標定方法根據標定實時情況的不同，可以分為離線標定和在線標定；根據標定方式的不同，主要可以歸納為三種：傳統標定方法、自標定方法和基於主動視覺的標定方法。

傳統標定方法是指用一個結構已知、精度很高的標定塊作為空間參照物，通過空間點和圖像點之間的對應關係來建立攝影機模型參數的約束，然後通過優化算法來求取這些參數。其基本方法是，在一定的攝影機模型下，基於特定的實驗條件如形狀、尺寸等已知的定標參照物，經過對其圖像進行處理，利用一系列數學變換和計算方法，求取攝影機模型的內部參數和外部參數。該方法大致分為基於單幀圖像的基本方法和基於多幀已知對應關係的立體視覺方法。傳統方法的典型代表有 DLT 方法（direct linear transformation）、Tsai 的方法、Weng 的迭代法。傳統的標定方法又稱強標定，計算複雜，需要標定塊，不方便，但適用於任何相機模型，精度高。傳統標定方法的優點在於可以獲得較高的精度，但標定過程費時費力，而且在實際應用中的很多情況下無法使用標定塊，如空間機器人、在危險惡劣環境下工作的機器人等。在實際應用中，精度要求很高且攝影機的參數很少變化時，傳統標定方法應為首選。

攝影機自標定方法不需要藉助於任何外在的特殊標定物或某些三維資訊已知的控制點，而是僅僅利用圖像對應點的資訊，直接通過圖像來完成標定任務。正是這種獨特的標定思想賦予了攝影機自標定方法巨大

的靈活性，同時也使得電腦視覺技術能夠面向範圍更為廣闊的應用。自標定方法又稱弱標定，精度不高，屬於非線性標定，魯棒性不強，但僅需建立圖像之間的對應關係，靈活方便，無需標定塊。眾所周知，在許多實際應用中，由於經常需要改變攝影機的參數，而傳統的攝影機標定方法在此類情況下由於需要藉助於特殊的標定物而變得不再適合。正是因為其應用的廣泛性和靈活性，攝影機自標定技術的研究已經成為近年來電腦視覺研究領域的熱點方向之一。

基於主動視覺的攝影機標定，是指在「已知攝影機的某些運動資訊」條件下標定攝影機的方法。與自標定方法相同，這些方法大多是僅利用圖像對應點進行標定的方法，而不需要高精度的標定塊。「已知攝影機的某些運動資訊」包括定量資訊和定性資訊：定量資訊，如攝影機在平臺座標系下朝某一方向平移某一已知量；定性資訊，如攝影機僅做平移運動或僅做旋轉運動等。主動視覺標定方法不能應用於攝影機運動未知或無法控制的場合，但通常可以線性求解，魯棒性較強。

4.2.1 離線標定方法

在多數應用中不需要實時標定，通過離線標定即可。在室內移動機器人導航任務中，因為立體相機的位置是固定的，相機的焦距等各參數也都是固定的，不需要經常標定，在相機不做改動的前提下，相機標定一次即可。鑑於應用環境，為了獲得高精度的標定和三維測量結果，此處主要研究離線強標定方法。迄今為止，對於攝影機的強標定問題已提出了多種方法，根據攝影機的模型不同，可以分為三種類型：線性標定法，非線性標定法和兩步標定法。

（1）線性標定

直接線性變換方法（direct linear transformation，DLT）是 Abdel-Aziz 和 Karara 於 1971 年提出的。線性方法通過解線性方程獲得轉換參數，算法速度快，但是沒考慮攝影機鏡頭的畸變問題，且最終的結果對噪音很敏感。比較適合用於長焦距、畸變小的鏡頭的標定。由於比較簡單，直接線性變換法在線性標定方法中應用較為廣泛。

（2）非線性標定

非線性模型越準確，計算代價越高。由於非線性方法考慮到攝影機鏡頭的畸變問題，使用大量的未知數和大範圍的非線性優化，這使得計算代價隨非線性模型的準確性增高而變大。非線性優化法雖然精度較高，但是其算法比較煩瑣，速度慢，而且算法的迭代性需要良好的初始估計。

如果迭代過程設計不恰當，尤其在高扭曲的條件下，優化過程可能不穩定，從而造成結果的不穩定甚至錯誤，因此其有效性不高。

（3）兩步標定

兩步標定方法中以 Tsai 的兩步標定法最具代表性。該方法只考慮徑向畸變，計算量適中，精度較高。Weng 提出了一種 CCD 立體視覺的非線性畸變模型，考慮了攝影機畸變的來源，如徑向、離心和薄稜鏡畸變，並引入旋轉矩陣的修正方法，但以矩陣分解求內外參數初始值，難以達到很高的精度。近年來，中國學者也分別提出線性變換兩步法。這種兩步法只考慮徑向畸變，不包含非線性變換，也可以達到較高的精度。Zhang 的平面模板兩步法脫離了傳統的在高精度標定臺上進行標定圖像採樣的做法，可以手動在任意位置、任意姿態擺放標定板，進行相機內部參數的標定計算。

① Tsai 的兩步法原理　　Tsai 研究並總結了 1987 年以前的傳統標定法，在此基礎上對有徑向畸變因子的攝影機模型，提出了一種實用的兩步標定法。對於中長焦距的鏡頭，或者畸變率小的高價位鏡頭，採用 Tsai 兩步標定法可以達到較高的標定與測量精度。該算法分為兩步進行：第一步，基於圖像點座標只有徑向畸變誤差，通過建立和求解超定線性方程組，先計算出外部參數；第二步，考慮畸變因素，利用一個三變數的優化搜索算法求解非線性方程組，以確定其他參數。

假定光心的圖像座標 (u_0, v_0) 已經求出，為模擬安裝過程中的誤差，在 x 方向引進一個不確定因子 s_x，對於畸變只考慮二階徑向畸變。設

$$\begin{cases} X_{\mathrm{d}i} = d_{\mathrm{u}}(u_i - u_0) \\ Y_{\mathrm{d}i} = d_{\mathrm{v}}(v_i - v_0) \end{cases} \tag{4-11}$$

則有：

$$\begin{cases} s_x^{-1}(1+k_1 r^2) X_{\mathrm{d}i} = f \dfrac{r_{11} x_{\mathrm{w}i} + r_{12} y_{\mathrm{w}i} + r_{13} z_{\mathrm{w}i} + t_x}{r_{31} x_{\mathrm{w}i} + r_{32} y_{\mathrm{w}i} + r_{33} z_{\mathrm{w}i} + t_z} \\ (1+k_1 r^2) Y_{\mathrm{d}i} = f \dfrac{r_{21} x_{\mathrm{w}i} + r_{22} y_{\mathrm{w}i} + r_{23} z_{\mathrm{w}i} + t_y}{r_{31} x_{\mathrm{w}i} + r_{32} y_{\mathrm{w}i} + r_{33} z_{\mathrm{w}i} + t_z} \end{cases} \tag{4-12}$$

即 $X_{\mathrm{d}i}(r_{21} x_{\mathrm{w}i} + r_{22} y_{\mathrm{w}i} + r_{23} y_{\mathrm{w}i} + t_y) = s_x Y_{\mathrm{d}i}(r_{11} x_{\mathrm{w}i} + r_{12} y_{\mathrm{w}i} + r_{13} z_{\mathrm{w}i} + t_x)$

$$\tag{4-13}$$

a. 線性變換確定外部參數。

• 採用多於 7 個標定點。根據最小二乘法，按式（4-14）計算中間變數 $t_y^{-1} s_x r_{11}$，$t_y^{-1} s_x r_{12}$，$t_y^{-1} s_x r_{13}$，$t_y^{-1} r_{21}$，$t_y^{-1} r_{22}$，$t_y^{-1} r_{23}$，$t_y^{-1} s_x t_x$。

$$\left[Y_{di}x_{wi}\ Y_{di}y_{wi}\ Y_{di}z_{wi}\ Y_{di}\ -X_{di}x_{wi}\ -X_{di}y_{wi}\ -X_{di}z_{wi}\right]\begin{bmatrix} t_y^{-1}s_xr_{11} \\ t_y^{-1}s_xr_{12} \\ t_y^{-1}s_xr_{13} \\ t_y^{-1}s_xt_x \\ t_y^{-1}r_{21} \\ t_y^{-1}r_{22} \\ t_y^{-1}r_{23} \end{bmatrix}=X_{di}$$

(4-14)

● 求解外部參數 $|t_y|$ 。

設：$a_1=t_y^{-1}s_xr_{11}, a_2=t_y^{-1}s_xr_{12}, a_3=t_y^{-1}s_xr_{13}, a_4=t_y^{-1}s_xt_x, a_5=t_y^{-1}r_{21}, a_6=t_y^{-1}r_{22}, a_7=t_y^{-1}r_{23}$ ，則：

$$|t_y|=(a_5^2+a_6^2+a_7^2)^{-1/2}$$

(4-15)

● 確定 t_y 符號。

利用任意一個遠離圖像中心的特徵點的圖像座標（u_i，v_i）和世界座標（x_{wi},y_{wi},z_{wi}）做驗證。即：首先假設 $t_y>0$，求出 r_{11},r_{12},r_{13}，r_{21},r_{22},r_{23},t_x，以及 $x=r_{11}x_{wi}+r_{12}y_{wi}+r_{13}z_{wi}+t_x$ 和 $y=r_{21}x_{wi}+r_{22}y_{wi}+r_{23}z_{wi}+t_y$，如果 X_{di} 與 x 同號，Y_{di} 與 y 同號，則 t_y 為正，否則 t_y 為負。

● 確定 s_x 。

$$s_x=(a_1^2+a_2^2+a_3^2)^{1/2}|t_y|$$

(4-16)

● 計算 R 和 t_x 。

$r_{11}=a_1t_y/s_x, r_{12}=a_2t_y/s_x, r_{13}=a_3t_y/s_x, r_{21}=a_5t_y, r_{22}=a_6t_y$，$r_{23}=a_7t_y, t_x=a_4t_y/s_x, r_{31}=r_{12}r_{23}-r_{13}r_{22}, r_{32}=r_{13}r_{21}-r_{11}r_{23}, r_{33}=r_{11}r_{22}-r_{12}r_{21}$ 。

b. 非線性變換計算內部參數。

● 忽略鏡頭畸變，計算 f 和 t_z 的粗略值（設 $k_1=0$）。

$$\begin{bmatrix} y_i & -Y_{di} \\ s_xx_i & -X_{di} \end{bmatrix}\begin{bmatrix} f \\ t_z \end{bmatrix}=\begin{bmatrix} w_iY_{di} \\ w_iX_{di} \end{bmatrix}$$

(4-17)

其中，$x_i=r_{11}x_{wi}+r_{12}y_{wi}+r_{13}z_w+t_x$；$y_i=r_{21}x_{wi}+r_{22}y_{wi}+r_{23}z_w+t_y$；$w_i=r_{31}x_{wi}+r_{32}y_{wi}+r_{33}z_w$。對於 n 個標定點採用最小二乘法求解 f 和 t_z 的粗略值。

● 計算精確的 f,t_z,k_1 。

利用上面計算得到的 f 和 t_z 作為初始值（最小二乘法），取 k_1 的初

始值為 0。

$$
\begin{cases}
Y_{\mathrm{d}i}\,(1+k_1 r^2) = \dfrac{f y_i}{w_i + t_z} \\[3mm]
s_x^{-1} X_{\mathrm{d}i}\,(1+k_1 r^2) = \dfrac{f x_i}{w_i + t_z}
\end{cases}
\tag{4-18}
$$

對上式作非線性優化，求解 f、t_z、k_1。

優化函數為 $\displaystyle\sum_{i=1}^{n}\left\{\left[Y_{\mathrm{d}i}\,(1+k_1 r^2)-\dfrac{f y_i}{w_i+t_z}\right]^2+\left[s_x^{-1}X_{\mathrm{d}i}\,(1+k_1 r^2)-\right.\right.$

$\left.\left.\dfrac{f x_i}{w_i+t_z}\right]^2\right\}$ ，即 $2n$ 個方程的殘差平方和。對於兩個攝影機標定，要重複

上述過程。

② Zhang 的平面模板兩步法原理　由於傳統的標定方法需要高精度的標定臺，標定過程比較複雜，Zhang 提出了一種介於傳統標定法和自標定法之間的方法，該方法避免了傳統方法所必需的高精度標定臺，操作簡單，精度也比自標定方法高。首先，用圖像中心附近點求解理想透視模型，準確地估計初值，然後，用全視場標定點求解實際成像模型。其標定原理如下。

首先建立靶標平面與圖像平面的映射關係，設靶標上的三維點座標為 $\boldsymbol{M}=[x,y,z]^{\mathrm{T}}$，其圖像平面上點的座標為 $\boldsymbol{m}=[u,v]^{\mathrm{T}}$，對應的齊次座標為 $\boldsymbol{M}'=[x,y,z,1]'$，$\boldsymbol{m}'=[u,v,1]^{\mathrm{T}}$ 空間點 M 和圖像點 m 對應的關係為：

$$
s\boldsymbol{m}' = \boldsymbol{A}\,[\boldsymbol{R}\quad \boldsymbol{t}\,]\boldsymbol{M}'
\tag{4-19}
$$

式中，s 為非零尺度因子；$\boldsymbol{R}$、$\boldsymbol{t}$ 分別為旋轉矩陣和平移向量，是攝影機的外部參數；$\boldsymbol{A}$ 為攝影機的內部參數。

$$
\boldsymbol{A}=\begin{bmatrix} \alpha & c & u_0 \\ 0 & \beta & v_0 \\ 0 & 0 & 1 \end{bmatrix}
\tag{4-20}
$$

假設靶標平面位於世界座標系的 xy 平面上，即 $z=0$，由上式可得：

$$
s\begin{bmatrix} u \\ v \\ 1 \end{bmatrix} = \boldsymbol{A}\,[\,\boldsymbol{r}_1 \quad \boldsymbol{r}_2 \quad \boldsymbol{r}_3 \quad \boldsymbol{t}\,]\begin{bmatrix} x \\ y \\ 0 \\ 1 \end{bmatrix} = \boldsymbol{A}\,[\,\boldsymbol{r}_1 \quad \boldsymbol{r}_2 \quad \boldsymbol{t}\,]\begin{bmatrix} x \\ y \\ 1 \end{bmatrix}
\tag{4-21}
$$

令 $\qquad\qquad\qquad \boldsymbol{H}=\boldsymbol{A}\,[\,\boldsymbol{r}_1,\boldsymbol{r}_2,\boldsymbol{t}\,]$ $\qquad\qquad\qquad$ (4-22)

上式可寫為

$$s \begin{bmatrix} u \\ v \\ 1 \end{bmatrix} = \begin{bmatrix} h_{11} & h_{12} & h_{13} \\ h_{21} & h_{22} & h_{23} \\ h_{31} & h_{32} & h_{33} \end{bmatrix} \begin{bmatrix} x \\ y \\ 1 \end{bmatrix} \tag{4-23}$$

如果已知多個三維點座標及其對應的圖像座標，則可以用下式求解 H 矩陣：

$$LH = 0 \tag{4-24}$$

其中：

$$L = \begin{bmatrix} x_1 & y_1 & 1 & 0 & 0 & 0 & -u_1 x_1 & -u_1 y_1 & -u_1 \\ 0 & 0 & 0 & x_1 & y_1 & 1 & -v_1 x_1 & -v_1 y_1 & -v_1 \\ & & \cdots & & & & \cdots & & \\ x_n & y_n & 1 & 0 & 0 & 0 & -u_n x_n & -u_n y_n & -u_n \\ 0 & 0 & 0 & x_n & y_n & 1 & -v_n x_n & -v_n y_n & -v_n \end{bmatrix} \tag{4-25}$$

$$H = \begin{bmatrix} h_{11} & h_{12} & h_{13} & h_{21} & h_{22} & h_{23} & h_{31} & h_{32} & h_{33} \end{bmatrix} \tag{4-26}$$

使用最小二乘法求解 $\begin{bmatrix} h_{11} & h_{12} & h_{13} & h_{21} & h_{22} & h_{23} & h_{31} & h_{32} & h_{33} \end{bmatrix}$ 的最佳解。L 的各個分量數值較大，係數矩陣實際為病態矩陣，需要進行歸一化處理。

H 可寫為 $\begin{bmatrix} h_1 & h_2 & h_3 \end{bmatrix} = \lambda A \begin{bmatrix} r_1, r_2, t \end{bmatrix}$，$h_1, h_2, h_3$ 為 H 的列向量，λ 為任意標量，可得：

$$\begin{cases} r_1 = \lambda A^{-1} h_1 \\ r_2 = \lambda A^{-1} h_2 \end{cases} \tag{4-27}$$

由旋轉矩陣的正交性可得：

$$\begin{cases} h_1^T A^{-T} A^{-1} h_2^T = 0 \\ h_1^T A^{-T} A^{-1} h_1^T = h_2^T A^{-T} A^{-1} h_2^T \end{cases} \tag{4-28}$$

令 $B = A^{-T} A^{-1} = \begin{bmatrix} B_{11} & B_{12} & B_{13} \\ B_{21} & B_{22} & B_{23} \\ B_{31} & B_{32} & B_{33} \end{bmatrix}$，則：

$$B = \begin{bmatrix} \dfrac{1}{\alpha^2} & -\dfrac{c}{\alpha^2 \beta} & \dfrac{c v_0 - u_0 \beta}{\alpha^2 \beta} \\[3mm] -\dfrac{c}{\alpha^2 \beta} & \dfrac{c^2}{\alpha^2 \beta^2} + \dfrac{1}{\beta^2} & -\dfrac{c(c v_0 - u_0 \beta)}{\alpha^2 \beta^2} - \dfrac{v_0}{\beta^2} \\[3mm] \dfrac{c v_0 - u_0 \beta}{\alpha^2 \beta} & -\dfrac{c(c v_0 - u_0 \beta)}{\alpha^2 \beta^2} - \dfrac{v_0}{\beta^2} & \dfrac{c(c v_0 - u_0 \beta)^2}{\alpha^2 \beta^2} + \dfrac{v_0^2}{\beta^2} + 1 \end{bmatrix} \tag{4-29}$$

由於 B 為對稱矩陣，可以定義向量 $b = \begin{bmatrix} B_{11} & B_{12} & B_{22} & B_{13} & B_{23} & B_{33} \end{bmatrix}^{\mathrm{T}}$，令矩陣 H 的第 i 列向量為 $h_i = \begin{bmatrix} h_{i1} & h_{i2} & h_{i3} \end{bmatrix}^{\mathrm{T}}$，有：

$$h_i^{\mathrm{T}} B h_j^{\mathrm{T}} = \begin{bmatrix} h_{i1} & h_{i2} & h_{i3} \end{bmatrix} \begin{bmatrix} B_{11} & B_{12} & B_{13} \\ B_{21} & B_{22} & B_{23} \\ B_{31} & B_{32} & B_{33} \end{bmatrix} \begin{bmatrix} h_{i1} \\ h_{i2} \\ h_{i3} \end{bmatrix} = v_{ij}^{\mathrm{T}} b \quad (4\text{-}30)$$

$$v_{ij} = \begin{bmatrix} h_{i1}h_{j1} & h_{i1}h_{j2}+h_{i2}h_{j1} & h_{i2}h_{j2} & h_{i3}h_{j1}+h_{i1}h_{j3} & h_{i3}h_{j2}+h_{i2}h_{j3} & h_{i3}h_{j3} \end{bmatrix}^{\mathrm{T}}$$

上式可改寫如下：

$$Vb = 0 \quad (4\text{-}31)$$

$$V = \begin{bmatrix} v_{12}^{\mathrm{T}} \\ (v_{11}-v_{22})^{\mathrm{T}} \end{bmatrix}$$

如果對靶標平面拍攝 n 幅圖像，將這 n 個方程組迭加起來，如果 $n \geqslant 3$，那麼 b 在相差一個尺度因子的意義下唯一確定。b 已知即可求解 A 矩陣各元素：

$$\begin{aligned}
u_0 &= (B_{12}B_{13}-B_{11}B_{23})/(B_{11}B_{22}-B_{12}^2) \\
\lambda &= B_{33}-[B_{13}^2+v_0(B_{12}B_{13}-B_{11}B_{23})]/B_{11} \\
\alpha &= \sqrt{\lambda/B_{11}} \\
\beta &= \sqrt{\lambda B_{11}/(B_{11}B_{22}-B_{12}^2)} \\
c &= -B_{12}\alpha^2\beta/\lambda \\
u_0 &= cv_0/\alpha - B_{13}\alpha^2/\lambda
\end{aligned} \quad (4\text{-}32)$$

A 已知，從式(4-27) 可求解 r_1，r_2，由正交矩陣的性質可得 $r_3 = r_1 \times r_2$，從上也可得出 $t = \lambda A^{-1} h_3$。至此，攝影機的內外參數全部求出，這樣求出的參數沒有考慮鏡頭畸變，將上面得到的參數作為初值進行優化搜索，可得最佳解。

4.2.2 改進的節點提取算法

在利用 Zhang 的方法中，標定板節點大多數都是利用半自動檢測方法，即人為指定棋盤格的數目和大小，軟體在指定範圍內尋找節點。經過多次實驗，這種方法存在著節點尋找不準確的情況，根據這個情況，利用 Harris 節點檢測器結合曲線擬合法，改進了傳統算法中的節點提取算法，實現了節點亞像素級的準確定位。

（1）Harris 算子

Harris 節點提取算子的基本思想與 Moravec 算法相似，但作了較大

的改進，具有較高的穩定性和可靠性，能夠在圖像旋轉、灰度變化以及噪音干擾等情況下準確提取出節點。Harris 算子的運算全部基於對圖像的一階微分。

設圖像亮度函數 $f(x,y)$，定義一個局部自相關函數 $E(\mathrm{d}x,\mathrm{d}y)$ 來描述圖像上 (x,y) 點位置在作一微小移動 $(\mathrm{d}x,\mathrm{d}y)$ 後的亮度變化。亮度的變化用 (x,y) 點周圍半徑為 w 的方形鄰域中，像素亮度變化值的平方與高斯函數的卷積來表示：

$$E(\mathrm{d}x,\mathrm{d}y)=\sum_{i=x-w}^{x+w}\sum_{j=y-w}^{y+w}G(x-i,y-j)\big[f(i+\mathrm{d}x,j+\mathrm{d}y)-f(i,j)\big]^2$$

(4-33)

其中 $G(x,y)$ 為二維高斯函數。將上式做泰勒級數展開：

$$E(\mathrm{d}x,\mathrm{d}y)=$$
$$\sum_{i=x-w}^{x+w}\sum_{j=y-w}^{y+w}G(x-i,y-j)\left[\mathrm{d}x\,\frac{\partial f(i,j)}{\partial x}+\mathrm{d}y\,\frac{\partial f(i,j)}{\partial y}+o(\mathrm{d}x^2+\mathrm{d}y^2)\right]^2$$
$$\approx A\,\mathrm{d}x^2+2C\,\mathrm{d}x\,\mathrm{d}y+B\,\mathrm{d}y^2$$

(4-34)

其中：

$$A=G*\left(\frac{\partial f}{\partial x}\right)^2,B=G*\left(\frac{\partial f}{\partial y}\right)^2,C=G*\left(\frac{\partial f}{\partial x}\times\frac{\partial f}{\partial y}\right)\qquad (4\text{-}35)$$

將實二次型 $E(\mathrm{d}x,\mathrm{d}y)$ 寫成矩陣形式：

$$E(\mathrm{d}x,\mathrm{d}y)=\begin{bmatrix}\mathrm{d}x,\mathrm{d}y\end{bmatrix}\boldsymbol{M}\begin{bmatrix}\mathrm{d}x\\\mathrm{d}y\end{bmatrix}\qquad (4\text{-}36)$$

$$\boldsymbol{M}=\begin{bmatrix}A & C\\C & B\end{bmatrix}$$

則矩陣 $\boldsymbol{M}$ 描述了二次曲面 $z=E(\mathrm{d}x,\mathrm{d}y)$ 在原點處的形狀。設 α，β 為矩陣 $\boldsymbol{M}$ 的特徵值，則 α，β 與兩個主曲率成比例，且為關於 $\boldsymbol{M}$ 的旋轉不變數。如果兩個主曲率都很小，則曲面 $z=E(\mathrm{d}x,\mathrm{d}y)$ 接近於平面，檢測窗口在任何方向的移動都不會導致 E 的太大變化，說明檢測窗口區域內的灰度大致相同。如果一個主曲率高而另一個低，則曲面 $z=E(\mathrm{d}x,\mathrm{d}y)$ 為屋脊狀，只有在屋脊方向（即邊緣方向）的移動會導致 E 的較小變化，說明所檢測的點為一邊緣點。如果兩個主曲率都很高，則曲面 $z=E(\mathrm{d}x,\mathrm{d}y)$ 為一個向下的尖峰，檢測窗口在任何方向的移動都會導致 E 的快速增加，說明所檢測的點為一節點。

由特徵值的性質：

$$\mathrm{tr}(\boldsymbol{M})=\alpha+\beta=A+B\qquad (4\text{-}37)$$

$$\det(\boldsymbol{M}) = \alpha\beta = AB - C^2 \qquad (4\text{-}38)$$

Harris 算子的節點相應函數（corner response function，CRF）定義為：

$$CRF = \det(\boldsymbol{M}) - k \cdot \text{tr}^2(\boldsymbol{M}) \qquad (4\text{-}39)$$

其中 k 為一常數，Harris 建議取 0.04。節點響應值 CRF 在節點區域是正值，在邊緣區域是負值，在灰度不變的區域則很小。因在圖像對比度較高處節點響應值會增大。

實際算法中採取以下策略進一步提高 Harris 算子的性能。

① Harris 算子的缺點是耗時，原因是檢測每個點時需進行 3 次高斯平滑，若將梯度幅值較低的點排除在外，可大大提高效率。算法中首先將圖像用 Sobel 算子作卷積，計算每個像素 x 和 y 方向的一階微分 $\partial f / \partial x$ 和 $\partial f / \partial y$，如果梯度幅值較大 $[(|\partial f / \partial x| + |\partial f / \partial y|)$ 大於某一閾值 $]$，則計算 $(\partial f / \partial x)^2$，$(\partial f / \partial y)^2$ 和 $[\partial^2 f / (\partial x \partial y)]$，否則將這三項值置 0。然後對梯度幅值較大的像素，在其鄰域窗口內用二維高斯函數作卷積，窗口的大小根據高斯函數的標準差 σ 按 3σ 準則而定。

② 對於受噪音影響較大的圖像，會出現在某個節點附近產生多個高響應的情況，簡單設定的閾值不能完全消除錯誤的檢測，反而會漏檢一些對比度較弱的節點。可採用以下方法確定節點：計算出每個像素的節點響應值 CRF 後，如果某個像素的 CRF 在其鄰域內是最高的，則被當成節點。鄰域大小的設定根據具體圖像及需要而定，如果需要檢測出圖像細節部分的節點，則將鄰域設得較小；如果只需要檢測較明顯的節點，則將鄰域擴大。按照此方法可以提高 Harris 算子的定位性能。

必須指出，Harris 算子只能精確到像素級，為進一步提高精確度，採用曲線擬合標定板的邊緣，節點值通過直線相交求出，通過這種算法使像素的精度精確到亞像素級別。

（2）曲線擬合法

根據棋盤格標定板的特點，選用擬合法尋找節點的亞像素座標。每個節點均是四個正方形的共同頂點。利用擬合法，可以將正方形的邊緣擬合為一條直線，每個節點為兩條直線的交點。

假設給定資料點 $(x_i, y_i)(i = 0, 1, \cdots, m)$，$\Phi$ 為所有次數不超過 $n(n \leqslant m)$ 的多項式構成的函數類，現求一 $p_n(x) = \sum\limits_{k=0}^{n} a_k x^k \in \Phi$，使得：

$$I = \sum_{i=0}^{m} [p_n(x_i) - y_i]^2 = \sum_{i=0}^{m} \Big(\sum_{k=0}^{n} a_k x_i^k - y_i\Big)^2 = \min \qquad (4\text{-}40)$$

　　當擬合函數為多項式時，稱為多項式擬合，滿足式(4-40) 的 $p_n(x)$ 稱為最小二乘擬合多項式。特別地，當 $n=1$ 時，稱為線性擬合或直線擬合。

　　顯然 $I = \sum\limits_{i=0}^{m} \left(\sum\limits_{k=0}^{n} a_k x_i^k - y_i \right)^2$ 為 $a_0, a_1, \cdots, a_n$ 的多元函數，因此上述問題即為求 $I = I(a_0, a_1, \cdots, a_n)$ 的極值問題。由多元函數求極值的必要條件，得

$$\frac{\partial I}{\partial a_j} = 2 \sum_{i=0}^{m} \left(\sum_{k=0}^{n} a_k x_i^k - y_i \right) x_i^j = 0 \qquad j = 0, 1, \cdots, n \qquad (4\text{-}41)$$

即

$$\sum_{k=0}^{n} \left(\sum_{i=0}^{m} x_i^{j+k} \right) a_k = \sum_{i=0}^{m} x_i^j y_i \qquad j = 0, 1, \cdots, n \qquad (4\text{-}42)$$

式(4-42) 是關於 $a_0, a_1, \cdots, a_n$ 的線性方程組，用矩陣表示為

$$\begin{bmatrix} m+1 & \sum\limits_{i=0}^{m} x_i & \cdots & \sum\limits_{i=0}^{m} x_i^n \\ \sum\limits_{i=0}^{m} x_i & \sum\limits_{i=0}^{m} x_i^2 & \cdots & \sum\limits_{i=0}^{m} x_i^{n+1} \\ \vdots & \vdots & \vdots & \vdots \\ \sum\limits_{i=0}^{m} x_i^n & \sum\limits_{i=0}^{m} x_i^{n+1} & \cdots & \sum\limits_{i=0}^{m} x_i^{2n} \end{bmatrix} \begin{bmatrix} a_0 \\ a_1 \\ \vdots \\ a_n \end{bmatrix} = \begin{bmatrix} \sum\limits_{i=0}^{m} y_i \\ \sum\limits_{i=0}^{m} x_i y_i \\ \vdots \\ \sum\limits_{i=0}^{m} x_i^n y_i \end{bmatrix} \qquad (4\text{-}43)$$

　　式(4-42) 或式(4-43) 稱為正規方程組或法方程組。

　　可以證明，式(4-42) 的係數矩陣是一個對稱正定矩陣，故存在唯一解。從式(4-42) 中解出 $a_k(k=0, 1, \cdots, n)$，從而可得多項式：

$$p_n(x) = \sum_{k=0}^{n} a_k x^k \qquad (4\text{-}44)$$

　　可以證明，式(4-44) 中的 $p_n(x)$ 滿足式(4-41)，即 $p_n(x)$ 為所求的擬合多項式。我們把 $\sum\limits_{i=0}^{m} [p_n(x_i) - y_i]^2$ 稱為最小二乘擬合多項式 $p_n(x)$ 的平方誤差，記作 $\left\| r \right\|_2^2 = \sum\limits_{i=0}^{m} [p_n(x_i) - y_i]^2$，由式(4-44) 可得：

$$\left\| r \right\|_2^2 = \sum_{i=0}^{m} y_i^2 - \sum_{k=0}^{n} a_k \left(\sum_{i=0}^{m} x_i^k y_i \right) \qquad (4\text{-}45)$$

　　多項式擬合的一般方法可歸納為以下幾步：

　　① 由已知資料畫出函數粗略的圖形——散點圖，確定擬合多項式的次數 n；

② 列表計算 $\sum_{i=0}^{m} x_i^j (j=0,1,\cdots,2n)$ 和 $\sum_{i=0}^{m} x_i^j y_i (j=0,1,\cdots,2n)$ ；

③ 寫出正規方程組，求出 $a_0,a_1,\cdots,a_n$ ；

④ 寫出擬合多項式 $p_n(x)=\sum_{k=0}^{n} a_k x^k$ 。

4.2.3　實驗結果

(1) 相機標定

利用前面提出的改進標定算法對機器人平臺所配備的立體視覺系統進行標定，立體相機如圖 4-3 所示，為分體式千兆相機。外部參數：基線長度為 7cm，兩相機為平行安裝；相機鏡頭焦距為 8mm。

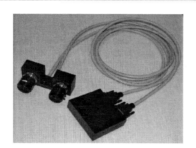

圖 4-3　立體相機

平面標定板為棋盤格板，如圖 4-4 所示。然後固定雙目立體相機，對標定板多角度拍照，利用得到的圖片對立體相機進行標定。

圖 4-4　平面標定板

首先利用傳統標定方法提取節點，效果圖如圖 4-5 所示，然後利用我們所提出的算法提取節點，效果圖如圖 4-6 所示。由於網格圖過小，改進結果不明顯，所以將圖像放大 10 倍，如圖 4-7、圖 4-8 所示，從圖中可以看出，改進算法提取節點可以準確尋找到節點。

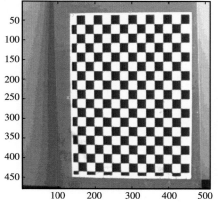

圖 4-5　傳統節點提取效果圖

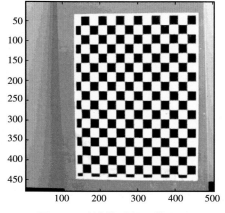

圖 4-6　改進節點提取效果圖

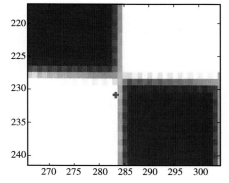

圖 4-7　傳統節點提取效果圖（放大 10 倍）

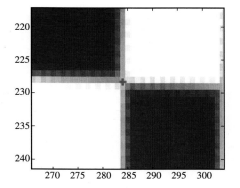

圖 4-8　改進節點提取效果圖（放大 10 倍）

　　檢驗相機標定精確度的一個主要方法是計算像素逆投影誤差，分別計算了利用傳統節點提取算法的逆投影像素誤差（見圖 4-9）和利用改進節點提取算法的逆投影像素誤差（見圖 4-10）。從圖上可以看出，傳統算法的精度在一個像素以上，而改進的節點提取算法能精確到 0.3 個像素。

　　（2）測距精度測試

　　相機的測距精度取決於很多因素，比如鏡頭焦距，相機校正準確度，與被測物體的距離等。根據不同的用途需要選用不同的相機，針對室內移動機器人導航，選用的鏡頭是 9mm 焦距鏡頭，基線長度為 7cm，如圖 4-11 所示。

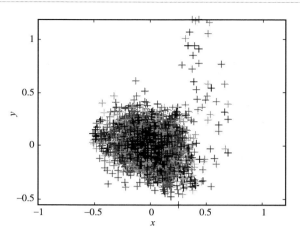

圖 4-9　傳統法逆投影像素誤差

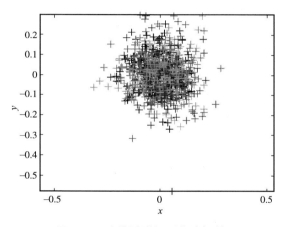

圖 4-10　改進法逆投影像素誤差

圖 4-11　雙目立體相機

　　測試環境為視覺正對目標物，然後逐漸改變距離，測試雙目視覺系統的精度，下面表 4-1 就給出了測試結果。

表 4-1　　雙目立體視覺測距實驗　　　　mm

次數 測量值	1	2	3	4	5	6	7	8	9	10	11
真實值	1200	1500	1800	2100	2400	2700	3000	3300	3600	3900	4200
測量值	1175	1470	1860	2140	2370	2650	3080	3220	3470	3750	4080

　　圖 4-12 給出了相機的誤差測試結果，可以看出隨著距離的增加誤差增大，誤差最小的距離區間為 1.2～3.2m。

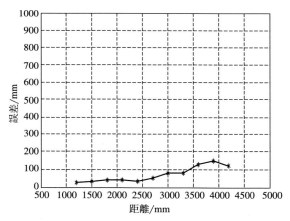

圖 4-12　雙目立體相機誤差測試結果

4.3　路標的設計與識別

　　為了使移動機器人能夠比較穩定地實現自定位，下面提出幾種路標的設計及對應的識別方法。

4.3.1　邊框的設計與識別

　　用於室內移動機器人導航的人工路標設計，主要考慮三個方面的要求：可靠性、實時性和美觀性。可靠性要求機器人能在當前的視野範圍內有效可靠地檢測、識別路標並根據路標準確電腦器人位姿；實時性要

求路標檢測速度快，並且能根據該路標快速計算位姿；美觀性是比較容易被忽略的一個方面，在實驗研究時可以不用過分強調其重要性，但對於商業化機器人產品來說，是至關重要的問題。

鑑於以上原因，我們設計的路標要能夠很容易地在環境中被分辨出

圖 4-13　一種路標

來，而且識別算法要具有魯棒性、快速性。所以設計的路標由兩部分組成，第一部分是紅色邊框，第二部分是可以擴展的路標圖案，如圖 4-13 所示。

在路標實驗環境中，立體相機有可能從任何一個角度觀測路標，所以要求識別路標的特徵量對旋轉、縮放免疫，而且要具有射影不變性。我們選用組合識別算法識別路標，其中包括色度、矩形度、交比不變數。

（1）色度

能夠穩定地表述顏色資訊的第一個參數是色度資訊，為了讓色度資訊不受光線的影響，我們首先將得到的圖像由 RGB 空間轉換到 HSV 空間。HSV 空間六稜錐如圖 4-14 所示。明度 V 沿軸線由稜錐頂點的 0 逐漸遞增到頂面時取最大值 1，色飽和度 S 由稜錐上的點至中心軸線的距離決定，而色彩 H 則表示成它與紅色的夾角。在圖中紅色置於 00 處。色飽和度取值範圍由軸線上的 0 至外側邊緣上的 1，只有完全飽和原色及其補色有 $S=1$，由三色構成的混合色值不能達到完全飽和。在 $S=0$ 處，色彩 H 無定義，相應的顏色為某層次的灰色。沿中心軸線，灰色由淺變深，形成不同的層次。

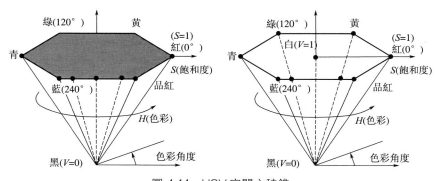

圖 4-14　HSV 空間六稜錐

色彩（H）處於六稜錐頂面的色平面上，它們圍繞中心軸旋轉和變化。色彩明度沿六稜錐中心軸從上至下變化，色彩飽和度（S）沿水平方向變化，越接近六稜錐中心軸的色彩，其飽和度越低。

由 RGB 空間轉換到 HSV 空間的變換公式如式(4-46)～式(4-48)所示，其中 R、G、B 表示顏色。

$$H = \begin{cases} \left(6 + \dfrac{G-B}{MAX-MIN}\right) \times 60°, \text{if} & R = MAX \\[2mm] \left(2 + \dfrac{B-R}{MAX-MIN}\right) \times 60°, \text{if} & G = MAX \\[2mm] \left(4 + \dfrac{R-G}{MAX-MIN}\right) \times 60°, \text{if} & B = MAX \end{cases} \qquad (4\text{-}46)$$

$$S = \frac{MAX - MIN}{MAX} \qquad (4\text{-}47)$$

$$V = MAX \qquad (4\text{-}48)$$

因為 HSV 空間對顏色的變換非常敏感，而且對於光照的變化抗干擾性比較強，所以將圖像變換到 HSV 空間中，設定一定閾值對圖像進行分割。

（2）矩形度

矩形度用物體的面積與其最小外界矩形的面積之比來刻畫，反映物體對其外接矩形的充滿程度，因為採用的邊框為矩形，所以引入矩形度能夠迅速定位路標。矩形度的計算公式為：

$$R = A / A_{\text{mer}} \qquad (4\text{-}49)$$

式中，A 為外圍邊框所圍矩形面積；A_{mer} 為最小外接矩形面積。

（3）交比不變數

交比不變數為射影幾何學中最基本的一個不變數，在共線的四點上，如圖 4-15 所示，交比不變數定義見式(4-50)。路標中的交比不變數見圖 4-16。

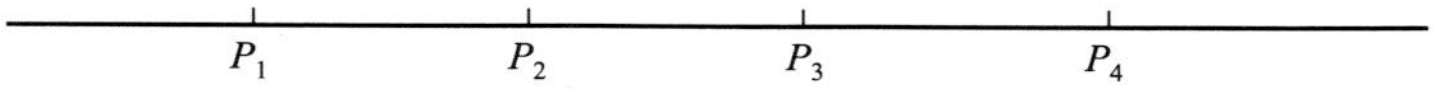

圖 4-15　交比不變數

$$R = (P_1 P_2, P_3 P_4) = \frac{(P_1 P_2 P_3)}{(P_1 P_2 P_4)} = \frac{P_1 P_3 \cdot P_2 P_4}{P_2 P_3 \cdot P_1 P_4} \qquad (4\text{-}50)$$

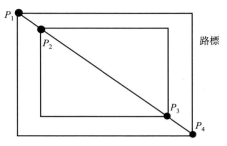

圖 4-16　路標中的交比不變數

　　綜上所述，路標的識別採用組合檢測算法，檢測算法的框圖如圖 4-17 所示。

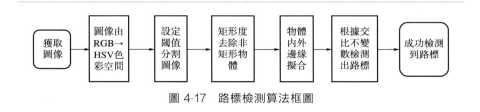

圖 4-17　路標檢測算法框圖

　　下面給出利用上面所提出的組合算法檢測路標的部分結果圖（圖 4-18）。

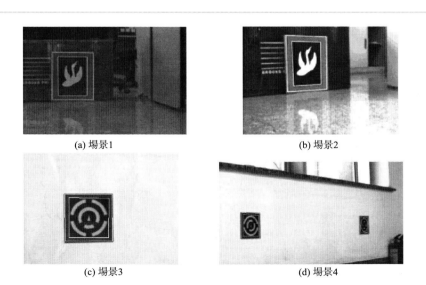

(a) 場景1　　　　　　　　(b) 場景2

(c) 場景3　　　　　　　　(d) 場景4

(e) 場景5　　　　　　　　　　　　(f) 場景6

圖 4-18　路標檢測結果

　　根據檢測結果可以看出，對於我們所設計的多種路標，無論是在光線充足的情況還是光線比較暗的情況下，路標都能夠比較成功地被檢測出來，識別成功率在 85％以上。

4.3.2　圖案的設計與識別

　　路標的第二個組成部分為可以擴展的圖案，對於圖案的設計有以下的要求：可擴展性強；易於檢測；與周圍環境的重複機率極小；對周圍環境的影響小。

　　基於以上要求，實驗先後共設計過三種方案的路標圖案。設計的三種人工路標均為平面型人工路標，類似於牆壁上掛的裝飾畫，具有較好的視覺效果。第一種方案為抽象的動物圖案，如圖 4-19 所示，可以擴展到幾十種圖案；第二種方案為兩位的阿拉伯數字，總共有 100 種可能，如圖 4-20 所示；第三種方案為環形路標圖案，總共可以擴展 256 種可能性，如圖 4-21 所示。

圖 4-19　抽象動物圖形路標方案

圖 4-20　數字路標方案

圖 4-21　環形路標方案

　　根據路標圖案的特點，對應於每種圖案選用合適的特徵向量，然後通過支持向量機學習算法（SVM）進行訓練，得到物體樣本庫。在實際應用中，只需要將實際拍攝到的圖像和樣本庫中的所有樣本進行對比，根據方差最小找到最合適樣本。所選用的特徵向量要求對圖像的旋轉、縮放、平移免疫。設計中所選用的幾類圖像全局特徵向量為：圖像不變矩、歸一化轉動慣量、多維直方圖、幾何模板分量。

　　（1）圖像不變矩

　　矩特徵主要表徵了圖像區域的幾何特徵，又稱為幾何矩，由於其具有旋轉、平移、尺度等特性的不變特徵，所以又稱其為不變矩。其中 Hu 不變矩是很常用的圖像不變矩。Hu 不變矩是對規則矩的非線性組合，$p+q$ 階中心矩為：

$$\mu_{pq} = \sum_x \sum_y (x-\overline{x})^p (y-\overline{y})^q F(x,y) \tag{4-51}$$

其中，$F(x,y)$ 表示二維圖像，且：

$$\overline{x} = m_{10}/m_{00}, \overline{y} = m_{01}/m_{00} \tag{4-52}$$

$$m_{pq} = \sum_x \sum_y x^p y^q F(x,y) \tag{4-53}$$

$p+q$ 階規格化中心矩為：

$$\eta_{pq}=\mu_{pq}/\mu_{00}^{r}$$
$$r=1+(p+q)/2$$
$$p,q=1,2,3,\cdots$$

(4-54)

利用二階和三階規格化中心矩可以生成 7 個不變矩組 Φ_1，Φ_2，$\cdots$，Φ_7。Hu 不變矩不具有仿射不變性，而且其高階不變矩對噪音比較敏感。

(2) 歸一化轉動慣量（NMI）

歸一化轉動慣量具有較好的平移、旋轉和縮放不變性。假設圖像灰度的重心為（cx,cy），圖像圍繞質心的轉動慣量記為 $J_{(cx,cy)}$：

$$J_{(cx,cy)}=\sum_{x=1}^{M}\sum_{y=1}^{N}[(x-cx)^2+(y-cy)^2]f(x,y)$$

(4-55)

式中，$f(x,y)$ 代表二維圖像；M，N 分別為圖像的寬高大小。

根據圖像的質心和轉動慣量的定義，可給出圖像繞質心的 NMI 為：

$$\mathrm{NMI}=\frac{\sqrt{J_{(cx,cy)}}}{m}=\frac{\sqrt{\sum_{x=1}^{M}\sum_{y=1}^{N}[(x-cx)^2+(y-cy)^2]f(x,y)}}{\sum_{x=1}^{M}\sum_{y=1}^{N}f(x,y)}$$

(4-56)

式中，$\sum_{x=1}^{M}\sum_{y=1}^{N}f(x,y)$ 為圖像質量，代表圖像中所有灰度值之和。

(3) 多維直方圖

直方圖是表徵各種全局特徵的一個重要方法。使用直方圖作為模式識別的特徵時，直方圖的維數越高，一般能更有效地描述圖像，但是會導致計算量迅速增加。假設一個 16 維的直方圖，每維的量化等級為 15，那麼直方圖中總共含有 15^{16} 個分量。但實際上大多數分量的值為 0，因此，實驗採用類似於散列的直方圖壓縮算法來降低時間複雜度，即所謂混合壓縮直方圖。使用一維壓縮混合直方圖可以高效地表示多維直方圖。梯度方向、梯度幅值以及顏色分量常作為混合直方圖的圖像描述算子。將不同的圖像描述算子構成壓縮混合直方圖，可以有效地表示圖像的結構以及顏色等資訊。

(4) 幾何模板分量

對應於第三種路標方案，實驗採用一種幾何模板分量為特徵分量。原理如圖 4-22 所示。模板分量值包括 8 個分量，分別是 $P_1 \sim P_8$，分量值取該點周圍一定鄰域的灰度統計值。特徵點通過交比不變定理可以求

出，比如 P_5：在邊框檢測出來的前提下，P_a、P_c 和路標的質心 O 是已知的，已知四點中的三點，那麼 P_5 可以根據交比不變定理求出：

$$R = \frac{P_a O \cdot P_5 P_7}{P_5 O \cdot P_a P_7} \tag{4-57}$$

以此類推，其餘七個特徵點的位置都可以求出。根據交比不變定理，該模板分量對旋轉、平移和縮放均免疫，滿足機器人導航所用。

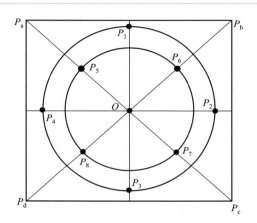

圖 4-22　路標幾何模板分量

利用上面所給的特徵向量，用 SVM 對模板圖片進行訓練，生成標準的樣本庫，在實際應用中，將獲取的圖片提取特徵，然後與標準圖庫中樣本進行對比，尋找最合適目標。經過多次實驗：第一種路標的識別率在 75％以上，第二種路標的識別率在 80％以上，第三種路標的識別率在 86％以上。

4.4　基於路標的定位系統

基於路標的視覺定位系統的原理是利用立體視覺系統測量出路標在機器人座標系下的三維座標，假定路標的全局座標已知，那麼可以根據路標在機器人座標系下的局部座標和在全局座標下的全局座標計算出機器人在全局座標系下的全局座標。

4.4.1　單路標定位系統

根據圖 4-23 所示，(X_W, O_W, Y_W) 為全局座標系，(X_R, O_R, Y_R)

為機器人局部座標系，L 為路標的俯視圖，$(x_{\mathrm{LW}}, y_{\mathrm{LW}}, \theta_{\mathrm{LW}})$ 為路標中心點在全局座標系下的座標，θ_{W} 為路標 X_{L} 方向與全局座標系 X_{W} 方向的夾角，$(x_{\mathrm{LR}}, y_{\mathrm{LR}}, \theta_{\mathrm{LR}})$ 為路標中心點在視覺測量中的局部座標，那麼機器人本體在全局座標系下的座標為：

$$\begin{bmatrix} x_{\mathrm{R}} \\ y_{\mathrm{R}} \\ \theta_{\mathrm{R}} \end{bmatrix} = \begin{bmatrix} x_{\mathrm{LW}} \\ y_{\mathrm{LW}} \\ \theta_{\mathrm{LW}} \end{bmatrix} - \begin{bmatrix} \cos\theta_{\mathrm{R}} & -\sin\theta_{\mathrm{R}} & 0 \\ \sin\theta_{\mathrm{R}} & \cos\theta_{\mathrm{R}} & 0 \\ 0 & 0 & 1 \end{bmatrix} \begin{bmatrix} x_{\mathrm{LR}} \\ y_{\mathrm{LR}} \\ \theta_{\mathrm{LR}} \end{bmatrix} \qquad (4\text{-}58)$$

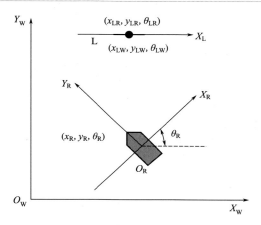

圖 4-23　單路標定位

4.4.2　多路標定位系統

視野中出現 2 個路標，分別為 Landmark1 和 Landmark2，推導機器人位置表示公式。路標 1 的中心點的全局座標和局部座標為：$(x_{\mathrm{LW}}^{1}, y_{\mathrm{LW}}^{1}, \theta_{\mathrm{LW}}^{1})$，$(x_{\mathrm{LR}}^{1}, y_{\mathrm{LR}}^{1}, \theta_{\mathrm{LR}}^{1})$；路標 2 中心點的全局座標和局部座標為：$(x_{\mathrm{LW}}^{2}, y_{\mathrm{LW}}^{2}, \theta_{\mathrm{LW}}^{2})$，$(x_{\mathrm{LR}}^{2}, y_{\mathrm{LR}}^{2}, \theta_{\mathrm{LR}}^{2})$。圖 4-24 中的線段 N 是連接兩個路標中點的連線。

推導出機器人全局定位的位置為：

$$\theta_{\mathrm{NW}} = \arctan\left(\frac{y_{\mathrm{LW}}^{2} - y_{\mathrm{LW}}^{1}}{x_{\mathrm{LW}}^{2} - x_{\mathrm{LW}}^{1}}\right) \qquad (4\text{-}59)$$

$$\theta_{\mathrm{NR}} = \arctan\left(\frac{y_{\mathrm{LR}}^{2} - y_{\mathrm{LR}}^{1}}{x_{\mathrm{LR}}^{2} - x_{\mathrm{LR}}^{1}}\right) \qquad (4\text{-}60)$$

$$\begin{bmatrix} x_R \\ y_R \\ \theta_R \end{bmatrix} = \begin{bmatrix} x^1_{LW} \\ y^1_{LW} \\ \theta_{NW} \end{bmatrix} - \begin{bmatrix} \cos\theta_N & -\sin\theta_N & 0 \\ \sin\theta_N & \cos\theta_N & 0 \\ 0 & 0 & 1 \end{bmatrix} \begin{bmatrix} x^1_{LR} \\ y^1_{LR} \\ \theta_{NR} \end{bmatrix} \qquad (4\text{-}61)$$

式中，θ_{NW} 為兩路標中點連線 $C_1 C_2$ 與全局座標系 X 軸的夾角；θ_{NR} 為 $C_1 C_2$ 與機器人座標系 X 軸的夾角。

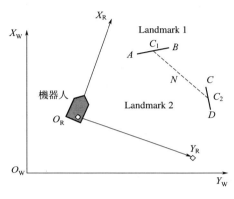

圖 4-24　雙路標定位

當視野中出現 2 個以上的路標時，每兩個路標為一組，可以得到 $M!/M$ 個機器人的位置，然後通過最小方差法得到機器人的最終位置。

4.4.3　誤差分析

由於立體視覺系統對目標的感知受到環境噪音和光照的影響，此外考慮相機畸變和解析度等因素，立體視覺系統對目標的觀測存在一定的不確定性。

立體視覺的觀測實驗證明其觀測特性是基於高斯分布的。一個標準的高斯分布函數為：

$$p(X) = \frac{1}{2\pi\sqrt{|\boldsymbol{C}|}} \exp\left[-\frac{1}{2}(X-\hat{X})^{\mathrm{T}} \boldsymbol{C}(X-\hat{X})\right] \qquad (4\text{-}62)$$

$$\boldsymbol{C} = \begin{bmatrix} \sigma_x^2 & \rho_{\sigma_x \sigma_y} \\ \rho_{\sigma_x \sigma_y} & \sigma_y^2 \end{bmatrix} \qquad (4\text{-}63)$$

式中，X 為觀測目標所處位置的二維座標值 $(x, y)^{\mathrm{T}}$ 的數學期望；$\boldsymbol{C}$ 為協方差矩陣。

局部座標系下機器人基於路標位置已知的觀測模型如圖 4-25 所示，

其中 $\sigma_{\max}$、$\sigma_{\min}$ 是該座標系主軸與短軸上的標準方差，此時兩方差的相關係數 $\rho = 0$，則局部座標系下的協方差矩陣為：

$$\boldsymbol{C}_{\mathrm{L}} = \begin{bmatrix} \rho_{\max}^2 & 0 \\ 0 & \rho_{\min}^2 \end{bmatrix} \qquad (4\text{-}64)$$

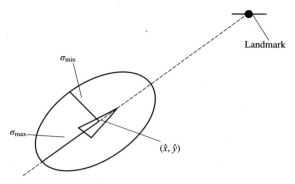

圖 4-25　基於路標觀測模型的立體視覺

　　利用多路標對機器人定位可以有效減少誤差，提高機器人定位的精度，其原理是針對每個路標的觀測協方差矩陣得到以後，可以將所有的協方差矩陣進行融合，有效縮小誤差的範圍。

$$\boldsymbol{C}' = \boldsymbol{C}_1 - \boldsymbol{C}_2 [\boldsymbol{C}_1 + \boldsymbol{C}_2]^{-1} \boldsymbol{C}_1 \qquad (4\text{-}65)$$

　　上式是對雙目標立體視覺定位時協方差融合計算的公式，如果有更多的路標被成功檢測，可以將所有路標分成 2 個一組進行融合，最後得到所有路標的協方差融合結果。

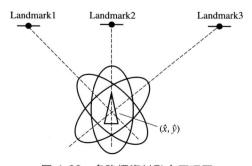

圖 4-26　多路標資料融合原理圖

　　從圖 4-26 可以看出，多路標的誤差範圍要小於單路標自定位的誤差

範圍，在視野允許的情況下，理論上看到越多的路標，機器人自定位的誤差越小。

4.4.4　實驗驗證

利用實驗來測試移動機器人基於多路標的立體視覺自定位精度。實驗場地是邊長為 4m 的方形場地，場地內部放置路標，如圖 4-27 所示。圖中加粗線段即為放置路標的俯視圖。路標的預設路線為圖中「＊」所示，人為設定機器人兩種工作模式，一種是基於單路標的進行自定位，一種模式是基於多路標進行自定位。圖中標記菱形的曲線即為基於單路標的定位位置，圓形點組成的曲線為機器人基於多路標的定位位置。從實驗結果可以看出，多路標定位的精度要明顯好於單路標的定位精度。

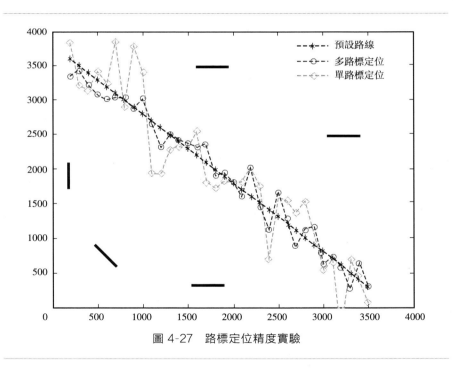

圖 4-27　路標定位精度實驗

根據實驗資料可以看出，利用單路標進行定位最大誤差可以達到 500mm，多路標進行定位時路標的最大誤差縮減到 100mm 以內，並且誤差變化不劇烈，沒有累積的誤差，也證明多路標定位方法有效地改善了機器人的自定位精度。

4.5 移動機器人定位分析

4.5.1 Monte Carlo 定位算法

移動機器人定位可看成是 Bayesian 評估問題，即通過給定輸入資料、觀測資料、運動與感知模型，使用預測/更新步驟估計當前時刻機器人隱式位姿狀態信度的最佳化問題。典型的評估狀態一般為 $s = (x, y, \theta)$。其中，(x, y) 表示 Cartesian 座標系機器人的位置；θ 表示機器人的航向角。輸入資料 u 通常來自內部感測器里程計；觀測資料 z 來自外部感測器如雷射雷達、攝影機等，運動模型 $p(s_t | s_{t-1}, u_{t-1})$ 表示 t 時刻系統起始狀態為 s_{t-1}，輸入 u_{t-1} 到達狀態 s_t 的機率。

Monte Carlo 定位作為一種基於貝葉斯濾波原理的機率定位方法，同樣是通過從感測資訊遞歸估計位姿狀態空間的機率分布來實現的，但機率分布是以加權採樣的形式來描述的。常規的 Monte Carlo 定位算法從實現形式上看，有三個遞歸步驟組成，即預測更新（prediction step）、感知更新（又稱 importance sampling）和重要性重採樣過程（resampling）。

對於常規的 Monte Carlo 算法，由於只以運動模型 $p(X_k | X_{k-1})$ 為重要性函數，當出現一些未建模的機器人運動，如碰撞或者綁架問題時，以小採樣數目實現的 Monte Carlo 方法就難以解決。對於上述問題，解決的方法有的採用自適應採樣數目的方法，有的則在 proposal distribution 中引入額外的隨機均勻分布的採樣，雖然在一定程度上能夠減輕上述問題，但採樣選擇的隨機性會增加定位過程的不可預知性。

考慮整個定位過程，由於預測更新後的採樣集為均勻分布，而由感知資訊更新後的採樣分布的權值（未歸一化）則決定了採樣集與當前觀察資訊的匹配程度，若以某種度量方式來檢驗這個匹配程度，則可以適時地引入重採樣過程，並且只以運動模型為重要性函數不能解決各種定位問題，還要引入從感知資訊重採樣。遞歸定位過程中感知更新前後採樣分布權值變化有以下幾種情況。

一是當採樣分布與感知資訊匹配較好時，感知更新後大部分採樣集的權值仍然較高（未歸一化），分布較均勻，並且這些採樣仍聚集於機器

人真實位姿附近，重要性重採樣後定位誤差越來越小，這就是位姿追蹤過程。

二是當採樣分布與感知資訊不完全匹配時，有兩種情況：第一考慮各種干擾的存在，可能出現少數高權值的採樣，採樣分布表現出過收斂現象，另一個是使得所有採樣的權值分布較均勻，但權值較小，這兩種情況對應於初始定位過程或綁架機器人問題，表明當前的採樣分布已不再是機器人位姿分布的較好估計。

針對以上分析，實現了一種以感知更新後的採樣分布資訊為判斷依據適時地進行重採樣的擴展 Monte Carlo 定位算法，來節省計算資源並提高定位效率。算法中除了常規 Monte Carlo 定位算法的兩個遞歸過程外，又引入了額外的兩個檢驗過程，過收斂檢驗過程和均勻性檢驗過程。這兩個過程用於判斷從運動模型來的採樣與感知資訊的匹配程度，以引入不同的重採樣方法。

（1）過收斂檢驗過程

這一過程對歸一化後的採樣權值，利用資訊熵和有效採樣數目來檢驗採樣分布的過收斂現象。如當進行初始採樣更新或者機器人被綁架時，考慮環境模型的相似及感知資訊的不確定性，由於採樣分布與感知資訊不完全匹配，則必會使得採樣權值分布出現過收斂（少數採樣高權值，大量採樣低權值）。當有效採樣數目小於給定閾值時，則採樣分布過收斂，否則根據資訊熵的相對變化大小確定過收斂。過收斂則分別執行從感知資訊重採樣和重要性重採樣過程。

（2）均勻性檢驗過程

若採樣分布未出現過收斂，則根據未歸一化的採樣分布權值之和來檢驗採樣分布與感知資訊的匹配。當權重之和大於給定閾值，表明採樣分布與感知資訊匹配較好，執行重要性重採樣，否則表明與感知資訊匹配較差，執行從感知資訊重採樣。對於閾值的選取，要考慮感知模型以及當前觀察到的特徵數量等因素。

4.5.2　機器人的實驗環境

實驗環境選為辦公室外的一段走廊，平面投影圖如圖 4-28 所示。因為主要調試移動機器人的定位功能，所以本著調試方便的原則，未裝備移動機器人的外殼等不必要的設備，圖 4-29 為服務機器人近距離觀察路標。

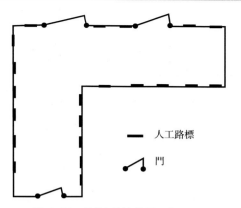

圖 4-28　測試環境的平面投影圖

圖 4-29　服務機器人近距離觀察路標

　　通過配備的立體視覺系統所拍攝的圖像如圖 4-30 所示。所配備的立體視覺系統的視角為 45°，環境中可以識別的特徵為事先設定的路標。

圖 4-30　相機拍攝圖像

4.5.3　定位誤差實驗

　　實驗中移動機器人在環境中自主漫遊，機器人自定位的精度測試實驗以視覺感測器為主，里程計感測器為輔。在環境中等距離擺放路標，圖 4-31 中的加粗線段即為路標的俯視圖。機器人在預定的環境中漫遊，通過檢測到的路標對機器人本體進行定位，下面給出整個實驗過程。

　　在實驗過程中，採樣數目可變，擴展 Monte Carlo 方法（MCL）採用的實驗參數為：有效採樣數目閾值 $k=10\%$，常數 c 取 0.8，λ 取 $0.15\sim$ 0.25，並隨熵的增大而遞減，比例係數 k_w 取 50%。而對均勻重採樣的 Monte Carlo 方法，由於引入的隨機採樣會增加採樣分布的不確定性，因此相應的參數不同，k 不變，c 取 0.3，λ 取 0.35，k_w 取值 30%。

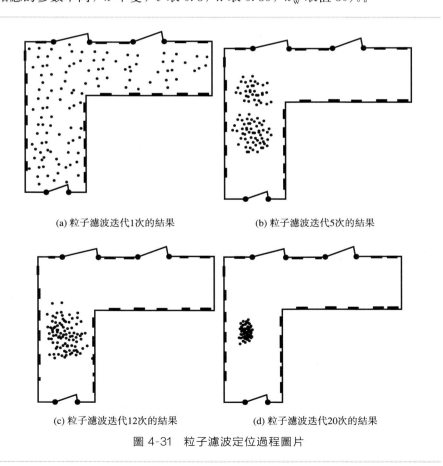

(a) 粒子濾波迭代1次的結果　　　　　　(b) 粒子濾波迭代5次的結果

(c) 粒子濾波迭代12次的結果　　　　　　(d) 粒子濾波迭代20次的結果

圖 4-31　粒子濾波定位過程圖片

　　為了驗證擴展 Monte Carlo 方法的定位準確性，通過使均勻重採樣的 Monte Carlo 方法和擴展 Monte Carlo 方法，採用相同的感知模型和相同的採樣數目。圖 4-32 為機器人利用兩種定位方法進行定位的誤差比較，真實位姿是通過單程計資訊獲取的，由於環境中地面較光滑且運動距離較短，單程計的資訊較為準確。可看出在被綁架後基於重採樣的擴展 Monte Carlo 方法無論是定位誤差大小還是在收斂速度上都明顯優於均勻重採樣的 Monte Carlo 方法。

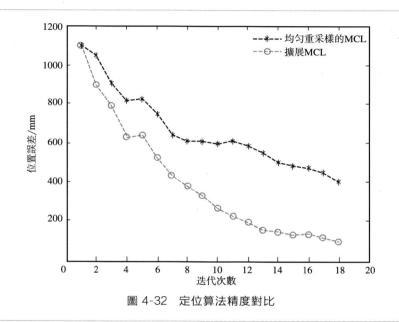

圖 4-32　定位算法精度對比

　　根據定位誤差的結果可以看出，雖然定位精度有了不小提高，定位誤差在 9mm 左右浮動，但是相對來說誤差還是比較大，比如工業機器人視覺系統，定位精度能精確到幾個毫米。

　　誤差產生的主要原因有 3 個方面：第一個是應用環境，工業機器人一般都應用在比較固定的場合，相機一般不需要移動，每次獲取圖像一般都在固定的角度和固定的距離，定位精度非常高。而智慧移動機器人的視覺系統安裝在機器人本體上，每次觀測環境的角度和距離都是隨機的，當觀測目標的角度較好的情況下，可以得到比較精確的定位結果，當觀測角度或距離不理想的情況下，定位誤差會相對增大。第二個原因是視覺系統的精度。此處所採用的立體視覺系統採集的圖像大小為 752×480，在超出 4m 的距離觀測目標的時候，每個像素所代表的實際長度超

過 1cm，圖像處理時的邊緣檢測和擬合過程中的像素誤差難以避免，因此視覺系統的精度直接影響最後的定位精度。第三個原因是定位算法的有效路標檢測環節，目前為了提高視覺系統在定位系統中所占的比重，將視野中可以檢測出的路標全部作為有效路標，並全部參與機器人的最終定位的計算，而其中一些角度和距離不理想的路標會帶來一些誤差。

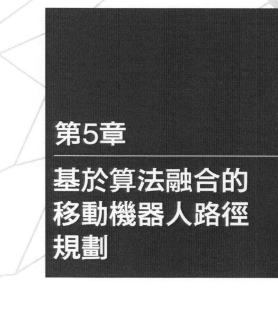

第5章

基於算法融合的
移動機器人路徑
規劃

　　移動機器人的路徑規劃問題是移動機器人研究領域的熱點問題之一。移動機器人依據某個或某些優化準則（如工作代價最小、行走路線最短、行走時間最短等），在運動空間中找到一條從起始狀態到目標狀態能避開障礙物的最佳路徑，就是我們所說的移動機器人路徑規劃問題。也就是說，路徑規劃應注意以下三點：明確起始位置及終點；避開障礙物；盡可能做到路徑上的優化。

　　根據路徑規劃方法適用範圍的不同可以分為全局路徑規劃方法、局部路徑規劃方法以及混合路徑規劃方法三種。

　　全局規劃方法是一種適用於有先驗地圖的路徑規劃方法，它根據已知的地圖資訊為機器人規劃出一條無碰撞的最佳路徑。由於對環境資訊的依賴程度很大，所以對環境資訊的感知程度將決定規劃的路徑是否精確。全局方法通常可以尋找最佳解，但是需要預先知道環境的準確資訊，並且計算量很大。

　　局部路徑規劃主要是根據機器人當前時刻感測器感知到的資訊進行自主避障。在現階段已有的研究成果中，大多數的導航成果都是局部路徑規劃方法，它們只需要通過攜帶的感測器獲取當前的環境資訊，並且這些資訊能夠隨著環境的變化進行更新。同全局路徑規劃方法相比，局部路徑規劃方法在實時性和實用性上更有優勢。局部路徑規劃方法也有缺陷，它沒有全局資訊，容易產生局部極值點，無法保證機器人能順利到達目的地。

　　由於單獨的全局規劃或者局部規劃都不能達到滿意的效果，因此就產生了一種將兩者優點相結合的混合型算法。該方法是將全局規劃的全局資訊作為局部規劃的先驗條件，避免局部規劃因為缺少全局資訊而產生局部最小點，從而引導機器人最終找到目標點。

　　一個好的路徑規劃方法，不僅要滿足路徑規劃的合理性、實時性的要求，而且要滿足在某個規則下最佳，以及具有適應環境動態改變的能力。

5.1 常用的路徑規劃方法

　　目前，常用的移動機器人路徑規劃方法有人工勢場法，A＊算法，神經網路法，模糊推理法，遺傳算法和蟻群算法等。

　　（1）人工勢場法

　　人工勢場法是由 Khatib 提出的一種虛擬力法。它的基本思想是將機

器人在周圍環境中的運動，設計成一種在抽象的人造引力場中的運動，目標點對移動機器人產生「引力」，障礙物對移動機器人產生「斥力」，最後通過求合力來控制移動機器人的運動。人工勢場法結構簡單，便於底層的實時控制，規劃出來的路徑一般是比較平滑並且安全的，但是這種方法存在局部極小點和目標不可達等問題。

（2）A＊算法

移動機器人的路徑規劃問題屬於問題求解。解決這類問題通常採用搜索算法。目前最常用的路徑搜索算法之一就是 A＊算法。A＊算法是一種靜態路網中求解最短路徑最有效的搜索方法，也是解決許多搜索問題的有效算法。它是一種應用廣泛的啓發式搜索算法，其原理是通過不斷搜索逼近目的地的路徑來獲得。它以符號和邏輯為基礎，在智慧體沒有單獨的行動可以解決問題的時候，將如何找到一個行動序列到達它的目標位作為研究內容。在完全已知的比較簡單的地圖上，它的速度非常快，能很快找到最短路徑（確切說是時間代價最小的路徑），而且使用 A＊算法可以很方便地控制搜索規模以防止堵塞。經典的 A＊算法是在靜態環境中求解最短路徑的一種極為有效的方法。

（3）神經網路法

人工神經網路法是在對人腦組織結構和運行機制的認識理解基礎之上，模擬人思維的一個非線性動力學系統，其特色在於資訊的分布式儲存、並行協同處理和良好的自組織自學習能力。它能將環境障礙等作為神經網路的輸入層資訊，經由神經網路並行處理，神經網路輸出層輸出期望的轉向角和速度等，引導機器人避障行駛，直至到達目的地。該方法的缺點是當環境改變後必須重新學習，在環境資訊不完整或環境經常改變的情況下難以應用。

（4）模糊推理法

模糊理論是在美國加州大學伯克利分校電氣工程係的 L. A. Zadeh 教授創立的模糊集合理論的數學基礎上發展起來的，主要包括模糊集合理論、模糊邏輯、模糊推理和模糊控制等方面的內容。

人類的駕駛過程實質是一種模糊控制行為，路徑的彎度大小、位置和方向偏差的大小，都是由人眼得到模糊量，而駕駛員的駕駛經驗不可能精確確定，模糊控制正是解決這種問題的有效途徑。移動機器人和車輛類似，其運動學模型較為複雜而難以確定，而模糊控制不需要控制系統的精確數學模型。此外，移動機器人是一個典型的時延、非線性不穩定系統，而模糊控制器可以完成輸入空間到輸出空間的非

線性映射。

採用模糊理論進行移動機器人路徑規劃,將模糊推理本身所具有的魯棒性與基於生理學上的「感知-動作」行為結合起來,能夠快速地推理出障礙物的情況,實時性較好。該方法避開了其他算法中存在的對環境資訊依賴性強等缺點,在處理複雜環境下的機器人路徑規劃方面,顯示出突出的優越性和較強的實時性。

(5) 遺傳算法

遺傳算法是一種借鑑生物界自然選擇和自然遺傳機制的隨機化的搜索算法。由於它具有魯棒性強和全局優化等優點,對於傳統搜索方法難以解決的複雜和非線性問題具有良好的適用性。應用遺傳算法解決移動機器人動態環境中避障和路徑規劃問題,可以避免複雜的理論推導,直接獲得問題的最佳解。但是也存在一些不足,如計算速度不快、提前收斂等問題。

(6) 蟻群算法

蟻群算法,是一種用來求複雜問題的優化算法。蟻群算法早期的提出是為了解決旅行商問題,隨著人們對於蟻群算法的深入研究,發現蟻群算法在解決二次優化問題中有著廣泛的應用前景,因此蟻群算法也從早期的解決 TSP 問題逐步向更多的領域發展。目前利用蟻群算法在解決調度問題、公車路線規劃問題、機器人路徑選擇問題、網路路由問題,甚至在企業的管理問題、模式識別與圖像配準等領域都有著廣泛的應用空間。

蟻群算法不僅能夠進行智慧搜索、全局優化,而且具有魯棒性、正回饋、分布式計算、容易同其他算法相結合及富於建設性等特點,並且可以根據需要為人工蟻群加入前瞻和回溯等自然蟻群所沒有的特性。

雖然蟻群算法有許多優點,但是該算法也存在一些缺陷。與其他方法相比,該算法一般需要較長的搜索時間,雖然電腦計算速度的提高和蟻群算法的本質並行性在一定程度上可以緩解這一問題,但對於大規模優化問題,這是一個很大的障礙。而且該方法容易出現停滯現象,即搜索進行到一定程度後,當所有個體所發現的解趨於一致時,不能對解空間進一步進行搜索,不利於發現更好的解。在蟻群系統中,螞蟻總是依賴於其他螞蟻的回饋資訊來強化學習,而不去考慮自身的經驗積累,這樣的盲從行為,容易導致早熟、停滯,從而使算法的收斂速度變慢。基於此,學者們紛紛提出了蟻群系統的改進算法。如有學者提出了一種稱為 Ant-Q System 的蟻群算法,及「最大最小螞蟻系統」等。吳慶洪等從

遺傳算法中變異算子的作用得到啓發，在蟻群算法中採用了逆轉變異機制，進而提出一種具有變異特徵的蟻群算法。此後不斷有學者提出改進的蟻群算法，如具有感覺和知覺特徵的蟻群算法、自適應蟻群算法、基於資訊素擴散的蟻群算法、基於混合行為的蟻群算法、基於模式學習的小窗口蟻群算法等。

5.2　基於人工勢場和 A＊算法融合的機器人路徑規劃

5.2.1　人工勢場法

人工勢場法的引力和斥力分布如圖 5-1 所示。其中，F_{att} 為機器人受到目標點的引力，F_{rep} 為機器人受到障礙物的斥力。F_{total} 為引力和斥力產生的合力，控制機器人朝向目標點運動。

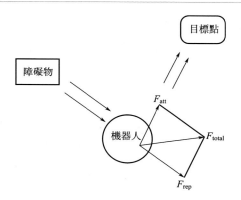

圖 5-1　基於人工勢場法的移動機器人受力示意圖

人工勢場法的數學描述如下：設機器人的當前位置資訊為 $R = (x, y)$，目標點的位置資訊為 $R_{goal} = (x_{goal}, y_{goal})$，目標對移動機器人起吸引的作用，而且距離越遠，吸引力越大，反之越小。

機器人與目標點之間的引力場定義為：

$$U_{att} = \frac{1}{2} k_{att} \rho (R, R_{goal})^2 \qquad (5\text{-}1)$$

式中，k_{att} 為引力場增益係數；$\rho(R, R_{goal})$ 為機器人當前位置 R 和

目標點 R_{goal} 的距離。

由該引力場所生成的對機器人的引力是機器人受到引力勢能的負梯度函數：

$$F_{att}(R) = -\nabla U_{att}(R) = -k_{att}\rho(R, R_{goal}) \qquad (5\text{-}2)$$

式中，引力 $F_{att}(R)$ 方向在機器人與目標點連線上，從機器人指向目標點。該引力隨機器人趨近於目標而線性趨近於零，當機器人到達目標點時，該力為零。

斥力場函數見式(5-3)：

$$U_{att}(R) = \begin{cases} \dfrac{1}{2}k_{rep}\left[\dfrac{1}{\rho(R, R_{obs})} - \dfrac{1}{\rho_0}\right]^2 & , \rho(R, R_{obs}) \leqslant \rho_0 \\ 0 & , \rho(R, R_{obs}) > \rho_0 \end{cases} \qquad (5\text{-}3)$$

式中，k_{rep} 為正比例係數；$R_{obs} = (x_{obs}, y_{obs})$ 為障礙物的位置；$\rho(R, R_{obs})$ 為機器人與障礙物之間的距離；ρ_0 為障礙物的影響距離。

該斥力場所產生的斥力為斥力勢能的負梯度：

$$F_{rep}(R) = -\nabla U_{rep}(R)$$

$$= \begin{cases} k_{rep}\left[\dfrac{1}{\rho(R, R_{obs})} - \dfrac{1}{\rho_0}\right]\dfrac{1}{\rho^2(R, R_{obs})}\nabla\rho(R, R_{obs}) & , \rho(R, R_{obs}) \leqslant \rho_0 \\ 0 & , \rho(R, R_{obs}) > \rho_0 \end{cases}$$

$$\qquad (5\text{-}4)$$

機器人所受的合力等於引力和斥力的和，即

$$F_{total} = F_{att} + F_{rep} \qquad (5\text{-}5)$$

人工勢場法結構簡單，具有很好的對機器人運動軌跡實時控制的性能，但根據上述原理可知，人工勢場法只適合解決局部的避障問題，而在全跼地圖的某些區域，當機器人受到引力勢場函數和斥力勢場函數的聯合作用時，機器人容易在某個位置產生振盪或者停滯不前，這個位置即所謂的局部極小點。產生局部極小點的機率和障礙物的多少成正比關係，障礙物越多，產生局部極小點的機率也就越大。

5.2.2 A＊算法

A＊算法作為一種新型的啟發式搜索算法，由於其具有搜索迅速且容易實現等優點，許多研究者已經將其應用於解決移動機器人路徑規劃問題。

A＊搜索的基本思想是：如果 C_S 為起點，C_G 為目標點，那麼對於環境中的任意點 C_i，假設 $g(C_i)$ 表示從 C_S 到 C_i 的最小路徑代價，而

$h(C_i)$ 表示從 C_i 到 C_G 的估計代價，給出從初始點 C_S 經過中間點 C_i 到目標點 C_G 最佳路徑的估計代價，用一個啓發式評估函數 $f(C_i)$ 來表示，即

$$f(C_i) = g(C_i) + h(C_i) \qquad (5\text{-}6)$$

在動態環境當中，首先 A＊算法根據已知的環境資訊規劃出一條從初始位置到目標位置的最佳路徑，然後機器人通過運動控制沿著這條路徑行走，當機器人感知到當前的環境資訊與已知的環境地圖不匹配時，就將當前的環境資訊進行建模並更新地圖，機器人依照更新後的地圖重新規劃路徑。但如果機器人在一個沒有先驗地圖或者環境資訊不斷變化的環境中，機器人就要非常頻繁地重新規劃路徑，這種重新規劃路徑的算法也是一個全局搜索的過程，這樣就會加大系統的運算量。如果 A＊算法是採用柵格表示地圖的，地圖環境表示的精度隨著柵格粒度的減小而增加，但是同時算法搜索的範圍會按指數增加，如果柵格粒度增大，算法的搜索範圍減小了，但是算法的精度以及成功率就會降低。採用改進人工勢場的局部路徑規劃方法對 A＊算法進行優化，可以有效增大 A＊算法的柵格粒度，達到降低 A＊算法運算量的目的。

5.2.3 人工勢場和 A＊算法融合

本研究將 A＊算法和人工勢場算法相結合，提出了一種能夠將全局路徑規劃方法和局部路徑規劃方法相融合的路徑規劃方法。

（1）路徑規劃算法融合的描述

如果用 S 表示移動機器人起始點的資訊，G 表示機器人目標點的資訊，C 表示機器人當前位置的資訊，M 表示柵格環境地圖的資訊，那麼本研究所提出的混合路徑規劃方法可以具體描述為：

① 將機器人當前感知到的和已知的環境資訊柵格化，保存到柵格地圖 M 中，將機器人的起始點狀態賦給當前位置狀態，即 $C = S$。

② 移動機器人基於保存的柵格地圖 M，規劃出一條從當前位置 C 到目標點 G 的全局最佳路徑，生成子目標節點序列。如果這個序列中沒有任何資訊，即代表當前沒有可行路徑，則返回搜索失敗。

③ 確定離當前位置最近的子目標節點。

④ 更新系統的目標點，將步驟③中得到的子母標節點作為新的目標點 G_i，並依照局部路徑規劃方法進行運動控制，直到到達目標點 G_i 所在的位置，轉到步驟③。

⑤ 如果機器人自身攜帶的感測器感知到新的環境和原有地圖 M 不匹

配，按照感測器資訊更新地圖 M，令 $C=S$，跳轉到步驟①。

在上述算法中，在全局路徑規劃模組中實現對子目標節點序列的生成，在局部路徑規劃模組中實現對移動機器人的控制，並使它不斷地朝向子目標節點運動，同時更新子目標節點，最後到達最終的目標點。

下面分別介紹全局路徑規劃和局部路徑規劃。

（2）全局路徑規劃方法

全局路徑規劃採用基於柵格地圖的 A＊搜索方法進行路徑規劃。在全局路徑規劃中，不考慮機器人的動態避障，可以將柵格的粒度設置較大一些，這樣就可以減少對系統空間的使用以及降低 A＊搜索的計算量，提高 A＊搜索效率。

採用 A＊算法進行全局路徑規劃時，先將全踴地圖以及局部地圖柵格化，建立柵格座標系，並通過全局座標與柵格座標的轉化得到初始點和目標點的柵格座標。在柵格座標系下，A＊算法搜索一條從起始點到目標點的最佳路徑，生成一條二維子目標點序列。序列中的每個子目標點所保存的資訊是其所在的柵格座標，在這組序列中，除了全局目標節點外的每個節點都有一個指向其父節點的指針。然後通過對每個子目標節點的柵格座標和全局座標的轉化，得到該點在全局座標下的座標。如果機器人在除目標終點所在柵格以外的任何位置，機器人受到引力仍是它所在柵格的父節點產生的引力，當機器人達到目標終點所在柵格的時候，機器人受到的引力是機器人目標節點的引力。

通過 A＊算法進行搜索，得到的只是一條子目標節點序列。下面將採用局部路徑規劃方法，實現機器人按照上述路徑進行平滑運動。

（3）局部路徑規劃方法

本研究採用改進的人工勢場法進行移動機器人的局部路徑規劃。從障礙區域、運動學控制約束兩個方面對人工勢場法進行改進。

① 設置產生斥力函數的有效障礙物　移動機器人在實際的運動過程中，只有有限的幾個障礙物能夠對機器人產生斥力，只有在與機器人運動方向一定範圍內的障礙物才會對機器人運動造成影響。在局部路徑規劃中，假設機器人前進方向與障礙物的夾角為 α，障礙物分布如圖 5-2 所示。在改進的人工勢場法中，只有在機器人運動正方向上一定範圍內的障礙物 1、2 才會對機器人產生斥力勢場，其他方向上的障礙物不會對機器人的運動造成影響。

機器人在障礙物 1 的斥力場下受到的斥力函數如下：

$$F_{\mathrm{rep1}}(R) = -\nabla U_{\mathrm{rep1}}(R)$$

$$= \begin{cases} k_{\mathrm{rep1}} \left[\dfrac{1}{\rho(R, R_{\mathrm{obs1}})} - \dfrac{1}{\rho_1} \right] \dfrac{1}{\rho^2(R, R_{\mathrm{obs1}})} \nabla \rho(R, R_{\mathrm{obs1}}) & , \rho(R, R_{\mathrm{obs1}}) \leqslant \rho_1 \\ 0 & , \rho(R, R_{\mathrm{obs1}}) > \rho_1 \end{cases}$$

$$(5\text{-}7)$$

式中，k_{rep1} 為正比例係數；$R_{\mathrm{obs1}} = (x_{\mathrm{obs1}}, y_{\mathrm{obs1}})$ 為障礙物 1 的位置；$\rho(R, R_{\mathrm{obs1}})$ 為機器人與障礙物 1 之間的距離；ρ_1 為障礙物 1 的影響距離。

機器人在障礙物 2 的斥力場下受到的斥力函數如下：

$$F_{\mathrm{rep2}}(R) = -\nabla U_{\mathrm{rep2}}(R)$$

$$= \begin{cases} k_{\mathrm{rep2}} \left[\dfrac{1}{\rho(R, R_{\mathrm{obs2}})} - \dfrac{1}{\rho_2} \right] \dfrac{1}{\rho^2(R, R_{\mathrm{obs2}})} \nabla \rho(R, R_{\mathrm{obs2}}) & , \rho(R, R_{\mathrm{obs2}}) \leqslant \rho_2 \\ 0 & , \rho(R, R_{\mathrm{obs2}}) > \rho_2 \end{cases}$$

$$(5\text{-}8)$$

式中，k_{rep2} 為正比例係數；$R_{\mathrm{obs2}} = (x_{\mathrm{obs2}}, y_{\mathrm{obs2}})$ 為障礙物 2 的位置；$\rho(R, R_{\mathrm{obs2}})$ 為機器人與障礙物 2 之間的距離；ρ_2 為障礙物 2 的影響距離。

機器人在障礙物群區域受到的斥力合力為：

$$F_{\mathrm{rep}} = F_{\mathrm{rep1}} + F_{\mathrm{rep2}} \qquad (5\text{-}9)$$

採用這種方法，不僅能夠提高局部路徑規劃的效率，而且還能有效地減少由人工勢場法產生的局部極小點問題，使機器人能夠快速、安全地穿過多障礙物區域。當機器人到達目標點所在的柵格時，則機器人將不再受到周圍環境的影響，它受到目標終點對它產生的吸引力，就可以解決障礙物附近目標點不可達問題。

機器人周圍障礙物分布如圖 5-2 所示。

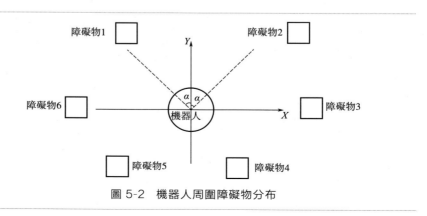

圖 5-2　機器人周圍障礙物分布

② 運動學控制約束　在通過上面的局部路徑規劃生成機器人運動的角速度和線速度後，運動控制模組將得到的線速度和角速度轉化為電機能夠識別的移動機器人左輪和右輪的速度 v_l 和 v_r，然後對左輪和右輪的速度進行梯形規劃，即使輪速能夠平穩地遞增或者遞減，防止輪速突變造成運動控制的超調。同時為了確保電機的安全，還需要對計算出來的速度進行限速。

5.2.4　仿真研究

圖 5-3 模擬了機器人從一個房間到另一個房間的路徑規劃。起始點為「Start」，目標點為「Goal」。

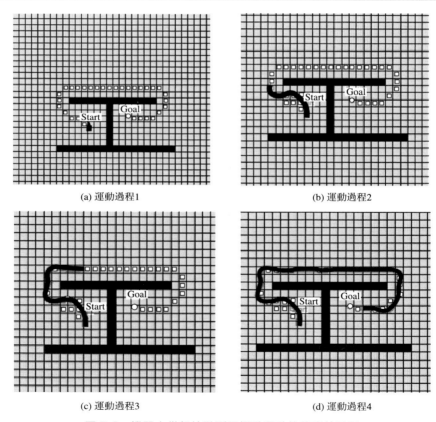

(a) 運動過程1　　　　　　　　　　　(b) 運動過程2

(c) 運動過程3　　　　　　　　　　　(d) 運動過程4

圖 5-3　機器人從起始點到目標點運動的仿真效果圖

從圖 5-3 中可以看出，機器人完成了從一個房間（起始點）到另一

個房間（目標點）的過程，全局路徑規劃生成了當前環境下的全局最佳路徑的子目標序列點，採用改進的人工勢場法控制機器人在子目標序列點之間進行運動。最終，機器人能夠沿著一條平滑路徑從初始點運動到目標點。

　　圖 5-4 是機器人在相同的初始位置，分別在兩個不同的目標位置時的仿真圖。從圖 5-4(a) 和圖 5-4(b) 比較可以發現，在機器人相同的初始位置、不同的目標位置的情況下，機器人總是能夠規劃出一條在全局意義下從初始點到目標點最佳（路徑最短）的軌跡。

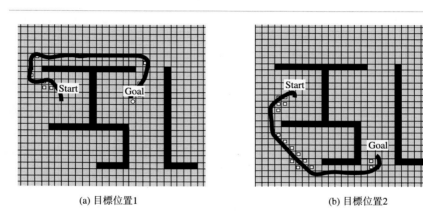

(a) 目標位置1　　　　　　　　　　(b) 目標位置2

圖 5-4　全局路徑規劃仿真比較圖

　　圖 5-5 是機器人在一個複雜環境中，基於人工勢場和 A＊融合算法的路徑規劃仿真效果圖。

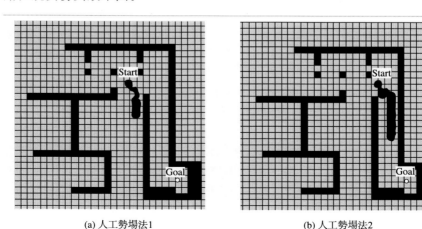

(a) 人工勢場法1　　　　　　　　　　(b) 人工勢場法2

圖 5-5

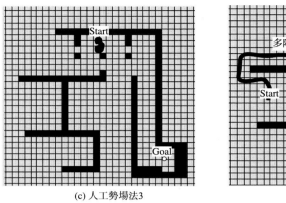 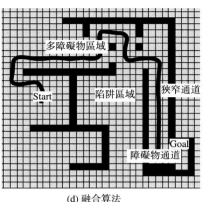

(c) 人工勢場法3 　　　　　　　　(d) 融合算法

圖 5-5　全局路徑規劃仿真效果圖

　　從圖 5-5(a)、(b)、(c) 中可以看出，在人工勢場法路徑規劃中，存在陷阱區域，機器人在多障礙物區域路徑不可識別以及在狹窄通道中擺動問題。從圖 5-5(d) 中可以看出，採用本研究提出的融合算法，機器人在整個運動的過程中，按照在全局路徑規劃出的子目標節點序列的引導下，能夠有效地避開陷阱區域；在機器人穿越多障礙物區域的時候，在子目標節點的引導下，只需考慮能夠影響機器人運動的障礙物，這樣就避免發生機器人在多障礙物區域振盪的問題；當機器人在狹窄通道運動過程中，能夠平穩地通過通道；機器人在到達障礙物附近的目標節點旁的時候，忽略了此時環境資訊對它造成的影響，機器人就可以成功到達目標點。通過本仿真實驗可以看出，本研究對人工勢場法進行的改進能夠很好地解決經典人工勢場法存在的缺陷，並且克服了目標點在障礙物附近的不可達問題。同時，從仿真實驗可以看出，機器人在運動過程中離障礙物始終有一定的距離，這樣就能保證機器人在運動中的安全性，避免局部速度超調造成機器人與障礙物相撞。圖 5-6 模擬了機器人在路徑規劃中遇到動態障礙物並且有效躲避障礙物的過程。

　　從圖 5-6(a) 和 (b) 中可以看出，機器人按照當前規劃好的路徑向著目標點前進，當機器人進入圖 5-6(c) 中所示子目標點所在柵格區域時，這時候機器人探測到動態障礙物，機器人能夠利用算法有效地避開動態障礙物，圖 5-6(d) 中顯示機器人繼續趨向目標節點運動。從上述仿真結果可以看出，由於採用了局部路徑規劃策略，機器人能夠實時地躲避動態環境下的障礙物，滿足路徑規劃性能全局最佳，且對動態環境有極好的適應性，非常適合應用於複雜環境下的移動機器人路徑規劃。

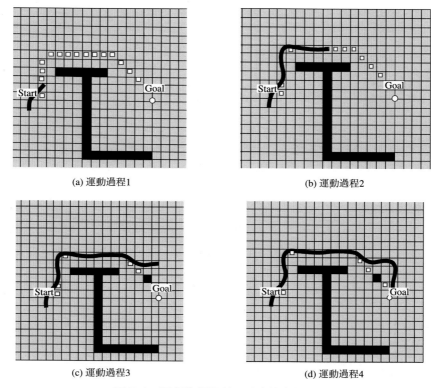

(a) 運動過程1

(b) 運動過程2

(c) 運動過程3

(d) 運動過程4

圖 5-6　局部路徑規劃和避障仿真效果圖

5.3　基於人工勢場和蟻群算法的機器人路徑規劃

蟻群算法是由義大利學者 Dorigo 等在 20 世紀末提出的一種模擬螞蟻群體行為的優化算法。該算法是一種結合了分布式計算、正回饋機制和貪婪式搜索的算法，具有很強的搜索較優解的能力。正回饋能夠快速地發現較優解，分布式計算避免了早熟收斂，而貪婪式搜索有助於在搜索過程早期找出可接受的解決方案，縮短了搜索時間，而且具有很強的並行性。但蟻群算法一般需要較多的搜索時間，且容易出現停滯現象，不利於發現更好的解。人工勢場法是一種較成熟的局部路徑規劃方法，結構簡單，計算量小，可以快速地通過勢場力使機器人向目標點駛去，但容易陷入局部極小點和在障礙物面前振盪。

為了更好地解決移動機器人的路徑規劃問題，此處提出一種將人工勢場法的勢場力與蟻群算法相結合的勢場蟻群算法，通過加入勢場力來避免蟻群算法初期螞蟻個體的「盲目搜索」，又加入限制條件來抑制勢場力對蟻群算法後期的影響。

5.3.1 蟻群算法

蟻群算法是一種仿生算法，它是利用模擬螞蟻前往目標點所經路線留下的資訊素的強弱來實現最佳路徑規劃的一種方法。

設 m 表示螞蟻數量；$d_{ij}(i,j=0,1,2,\cdots,n)$ 表示節點 i 和節點 j 之間的距離，n 為節點數；α 為資訊素啓發因子，表示軌跡的相對重要性；β 為期望啓發因子，表示能見度的相對重要性；ρ 為資訊素揮發因子，且 $0 \leqslant \rho < 1$；初始迭代次數 $N=0$，最大迭代次數為 $N_{\max}$。

蟻群算法路徑規劃的具體實現步驟如下。

步驟 1：在初始時刻，m 只螞蟻會被隨機地放置在柵格地圖上，各路徑上的初始資訊素濃度是相同的。障礙物的格子用 0 表示，允許機器人進行移動的格子設為 1，並進行參數初始化。

步驟 2：如果令 $\tau_{ij}(t)$ 為 t 時刻 i，j 兩個節點之間殘留的資訊素濃度；$\eta_{ij}(t)$ 為 t 時刻 i，j 兩個節點之間的期望啓發函數，定義為節點 i 和 j 之間距離 d_{ij} 的倒數；$\text{Tabu}_k(k=1,2,\cdots,m)$ 為螞蟻 k 已經走過的節點的集合；$\text{allowed}_k = \{1,2,\cdots,n-\text{Tabu}_k\}$ 表示不在 Tabu_k 中那些節點的集合，也就是允許螞蟻下一步可以選擇的節點的集合。則 t 時刻，螞蟻 k 從節點 i 轉移到節點 j 的狀態轉移機率為

$$P_{ij}^k(t) = \begin{cases} \dfrac{\tau_{ij}^\alpha \eta_{ij}^\beta}{\displaystyle\sum_{s \in \text{allowed}_k} \tau_{ij}^\alpha \eta_{ij}^\beta} & s \in \text{allowed}_k \\ \\ 0 & \text{otherwise} \end{cases} \tag{5-10}$$

通過上述狀態轉移公式，計算出螞蟻下一步會轉移到的格子，障礙物的格子是不能行走的。

步驟 3：螞蟻走過的路徑上會留下資訊素，同時為了避免路徑上因殘留資訊素過多而造成啓發資訊被淹沒，資訊素會隨著時間的流逝而揮發，在 $t + \Delta t$ 時刻節點 i 和 j 上的資訊素更新規則見式(5-11)，然後保存此次迭代中螞蟻所走過的最短路徑的長度，並開始下一次迭代。

$$\begin{cases} \tau_{ij}(t + \Delta t) = (1 - \rho)\tau_{ij}(t) + \Delta\tau_{ij}(t) \\ \\ \Delta\tau_{ij}(t) = \displaystyle\sum_{k=1}^m \Delta\tau_{ij}^k(t) \end{cases} \tag{5-11}$$

如果令 Q 表示螞蟻在本次循環中分泌的資訊素總量，L_k 為螞蟻 k 在本次循環中所走過路徑的總長度，$p_k(\text{begin}, \text{end})$ 為螞蟻 k 在本次循環中從起點到終點所走過的路徑，採用 Ant-Cycle 模型，則有

$$\Delta\tau_{ij}^{k}(t) = \begin{cases} \dfrac{Q}{L_k} & (i,j) \in p_k(\text{begin}, \text{end}) \\ 0 & \text{otherwise} \end{cases} \tag{5-12}$$

保存此次迭代中螞蟻所走過的最短路徑的長度，並開始下一次迭代。

在新的迭代中螞蟻能夠通過上一次螞蟻所行走的最短路徑時所留下的資訊素來進行行走。包含有資訊素的格子更大的機率被本次的螞蟻狀態轉移所選中。所以每次迭代之後螞蟻都會在最近的路徑周圍尋找更近的路徑。

步驟 4：重複步驟 2 和 3，判斷是否達到迭代次數最大值，如果達到，停止迭代，並將其中擁有最短距離的路徑作為輸出項。

5.3.2　改進的人工勢場法

傳統的人工勢場法存在容易陷入局部極小點和在凹形障礙物前徘徊的問題，採用加入填平勢場的方法對人工勢場法進行改進，能夠在一定程度上解決機器人在障礙物前徘徊和陷入局部極小點問題。該方法具體步驟如下：

① 確定機器人當前位姿與前 n 步位姿是否在一個較小的範圍內重複變化，若在一個較小範圍內基本不變，則認定為避障困難。

② 機器人進行回退，退到避障困難區域外。

③ 在避障困難區域，在公式(5-1) 中 U_{att} 引力場上再加上一個填平勢場 U_{att1}，其表達式為：

$$U_{\text{att1}} = \begin{cases} K\dfrac{1}{\rho^2(R, R_{\text{local}})} & \rho(R, R_{\text{local}}) \leqslant \rho_{\text{r}} \\ 0 & \rho(R, R_{\text{local}}) > \rho_{\text{r}} \end{cases} \tag{5-13}$$

式中，$R_{\text{local}} = (x_{\text{local}}, y_{\text{local}})$ 為局部極小點的位置；$\rho(R, R_{\text{local}})$ 為機器人當前位置與局部極小點的距離值；填平勢場 U_{att1} 中的比例係數 $K \in R^+$，是一個正值常數；$\rho_{\text{r}} \in R^+$ 為填平勢場 U_{att1} 對移動機器人所能造成影響的半徑範圍。

5.3.3 基於勢場力引導的蟻群算法

　　將人工勢場與蟻群兩種算法相結合有多種方式，此處將改進後的人工勢場法中的勢場力與蟻群算法相結合，結合後的算法使螞蟻在每個柵格準備前往下一個柵格之前，計算一次斥力 F_{rep} 與引力 F_{att} 所生成的合力 F_{total}，合力所指向的柵格獲得較大的資訊素權值，然後兩側其餘柵格方向的資訊素的權值依次遞減，取值範圍為 $\rho_{\text{rx}} \in (1, 2)$。如果令 x 為螞蟻四周八個柵格的排序，勢場力指向方向 x 為 1，按順時針方向依次排序，當 x 為 2 和 8，3 和 7，4 和 6 時，資訊素的權值兩兩相同，如圖 5-7 所示。這樣既能保證合力所指向的方向被螞蟻選擇行走的機率最大，又保障了其餘方向也有可能被選中。

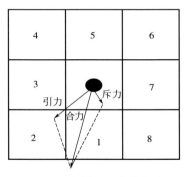

圖 5-7　螞蟻所受的勢場力

　　因此在算法的初始階段勢場力對螞蟻的影響足夠大，為了限制後期勢場力對蟻群算法的影響，加入限制條件：

$$\mu = \frac{N_{\text{max}} - N_n}{N_{\text{max}}} \tag{5-14}$$

$$\rho_{\text{rx}\mu} = \rho_{\text{rx}} \mu F_{\text{total}} \tag{5-15}$$

$$\rho_{\text{rx}\mu} = \begin{cases} \rho_{\text{rx}\mu} & \rho_{\text{rx}\mu} \geq 1 \\ 1 & \rho_{\text{rx}\mu} < 1 \end{cases} \tag{5-16}$$

　　式中，N_{max} 為總迭代次數；N_n 為當前迭代次數。

　　當 $\rho_{\text{rx}\mu} < 1$ 時，勢場力不再對蟻群算法進行影響。這樣就使勢場力既彌補了蟻群算法前期的缺點又不對蟻群算法的後期影響過大。所以改進後的算法螞蟻轉移的機率公式為：

$$P_{ij}^k(t) = \begin{cases} \dfrac{\tau_{ij}^{\alpha}(t) \eta_{ij}^{\beta}(t) \rho_{\text{rx}\mu}}{\sum\limits_{s \in \text{allowed}_k} \tau_{ij}^{\alpha}(t) \eta_{ij}^{\beta}(t)} & , s \in \text{allowed}_k \\ \\ 0 & , \text{otherwise} \end{cases} \tag{5-17}$$

　　算法具體實現步驟如下。

　　步驟 1：參數初始化。

　　步驟 2：給蟻群算法加入勢場力，使每隻螞蟻在選擇移動方向時計算勢場力，計算螞蟻在該路徑中每個節點處受到的引力和斥力，並得出合力所指向的方向。

　　步驟 3：通過公式（5-17）計算轉移機率，可以實現螞蟻在其能夠行走的格子間進行轉移。

　　步驟 4：判斷正在行走的螞蟻當前位置與前 n 步位置的距離是否在一定的閾值範圍內，若是則回退重新進行計算並加入禁忌表，不是則繼續前進。

　　步驟 5：判斷當前行走的螞蟻是否已到達終點，若沒有到達終點，則繼續按照步驟 3 進行計算並規劃前行的方向；否則，對其行走時所留存的資訊素進行更新。

　　步驟 6：查詢是否該蟻群內的全部螞蟻都行走完畢，若還有剩餘螞蟻沒有完成路徑搜索，則轉到步驟 4 繼續進行搜索。當全部螞蟻完成搜索工作時，進行下一步驟。

　　步驟 7：判斷是否滿足終止條件，如果沒有完成則轉到步驟 3 繼續求解，若已經達到最大迭代次數，則保存並輸出最佳路徑。

5.3.4　仿真研究

　　將傳統的蟻群算法和由勢場力引導的蟻群算法進行對比分析。如圖 5-8 所示，其中螞蟻數量 $m=20$，資訊素啓發因子 $\alpha=1$，期望啓發因子 $\beta=7$，資訊素揮發因子 $\rho=0.3$，最大迭代次數 $N=100$。

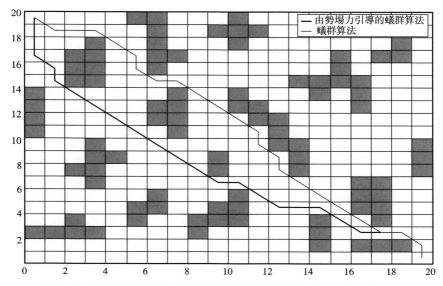

圖 5-8　傳統蟻群算法和勢場力引導的蟻群算法分別形成的最佳路徑

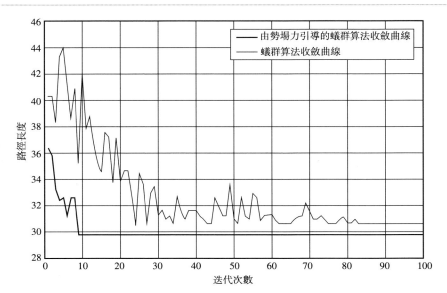

圖 5-9 由勢場力引導的蟻群算法和傳統蟻群算法所形成的收斂曲線

由圖 5-9 所得到的收斂曲線可得出表 5-1 的資料。結果表明，由勢場力引導的蟻群算法在同等參數下比傳統蟻群算法收斂速度更快，路徑長度更短。

表 5-1 不同方法的資料對比

算法名稱	平均路徑長度	最佳路徑長度	平均迭代次數
傳統蟻群算法	31.213	30.627	83
由勢場力引導的蟻群算法	30.624	29.796	9

將人工勢場法與蟻群算法相結合，由於資訊素權值只在開始時對螞蟻的影響較大，通過人工勢場法的勢場力引導蟻群算法的初始解，從而降低了蟻群初始時的隨機性和盲目性，加快了蟻群算法的收斂速度；隨著迭代次數的增加不斷降低勢場力對螞蟻的影響力，後期勢場力對螞蟻的影響趨於零，以便更好地發揮蟻群的尋優能力，又通過回退機制在一定程度上降低了陷入局部最佳的可能。與傳統蟻群算法進行仿真對比表明，本文所提出的算法既加快了蟻群的收斂速度，又充分發揮了蟻群的全局尋優能力。

第6章

廢墟搜救機器人

6.1　廢墟搜救機器人概述

6.1.1　廢墟搜救機器人研究意義

近年來，在世界範圍內地震災害頻發，嚴重威脅人類安全，使受災地區蒙受巨大的經濟損失。2011 年日本東北部發生地震並引發海嘯，導致福島核電站發生嚴重等級為 7 級（最高等級）的核泄漏事故，在其後的核反應堆修復工作中，3 名作業人員受到嚴重的核輻射。根據人體的生理極限以及地震廢墟內惡劣的生存環境，災難發生後的 72h 內是救援的黃金時間。災難發生後超過 72h，倖存者的生命將受到極大的生理挑戰，生存的希望非常渺茫。

在地震災難救援過程中，搜尋廢墟內倖存者的工作主要通過以下幾種方法：一種是救援人員在廢墟外向廢墟內發出問詢聲音，通過監聽廢墟內返回的聲音判斷廢墟內是否有倖存者。這種方法要求倖存者具有清醒的意識，在災難發生初期，倖存者傷勢較輕的情況下可以使用。另一種方法是救援人員攜帶專業的生命探測設備，進入廢墟內進行倖存者搜尋工作。這種方法具有較大的作業範圍，也可以搜尋傷勢較重甚至意識昏迷的倖存者，但是地震後的餘震以及惡劣的廢墟環境會對進入廢墟內的救援人員的生命安全構成巨大的威脅，歷次重大地震搜救工作中都出現過搜救工作者犧牲的悲劇。隨著機器人技術的發展，將移動機器人應用在地震廢墟搜救中，不但免去了救援人員冒著生命危險進入廢墟內搜救倖存者的危險，搜救機器人攜帶專業的生命探測儀進入廢墟內進行倖存者搜救活動，還可以擴大搜救範圍、提高搜救效率。

由於全球城鎮化浪潮的影響，城市人口數量逐年增加，而地震等自然災難導致更多的城市人口受災受困，針對樓宇廢墟環境展開的搜救工作需求日益增強。受災難影響，災難發生後，樓宇廢墟環境成為典型的非結構化環境。滑落的磚瓦礫石導致地面成為非平坦的環境；倒塌、滑落的樓宇結構加劇了樓宇廢墟內的非結構化程度，同時也會嚴重阻礙電磁訊號的傳播；保存下來的樓梯也嚴重限制了搜救機器人的作業範圍。目前，廢墟搜救機器人的運動控制主要採用遙操作控制和自主運動控制兩種控制方式。採用遙操作控制的搜救機器人，進入廢墟以後，機器人與廢墟外的控制人員通過無線通訊訊號進行資訊通訊，通過廢墟內的搜

救機器人與廢墟外的控制站系統之間的資訊交換，控制站獲得廢墟內部資訊以及機器人的硬體與軟體運行情況資料，搜救機器人獲得控制站的控制指令。由於無線通訊訊號本質上是電磁訊號，電磁訊號在穿透樓宇廢墟內的障礙物進行傳播過程中，會嚴重衰減，極大地減小了機器人的搜救作業範圍。工作人員在控制機器人攀爬樓梯、在不同樓層進行倖存者搜尋時，只能通過機器人傳回的廢墟內部的影片訊號和距離感測器檢測到的距離資料對機器人進行操作。由於樓梯環境的複雜性，加重了搜救機器人操作人員的操作壓力，同時也延長了機器人攀爬樓梯的時間，機器人攀爬樓梯的效率降低直接導致搜救效率降低，而在時間極其寶貴的廢墟搜救工作中，搜救工作的效率極其重要。並且，隨著各類感測器在搜救機器人中的廣泛應用，在顛簸環境下，感測器的量測值存在量測誤差，會導致機器人控制的決策誤差。而通訊中斷，會造成機器人在廢墟內失聯、失控。

　　針對廢墟搜救機器人的硬體系統研究、控制系統研究、控制站系統以及廢墟搜救機器人的自主運動研究，一方面對廢墟搜救機器人進行全面了解，同時相關方面的深入研究成果的成功應用，將擴展機器人的穩定性與工作效率，進一步提升災難廢墟搜救工作的工作效率和救援效果。

6.1.2　廢墟搜救機器人研究趨勢

　　搜救機器人研究雖然起步較晚，但機器人的研究已經深入多年，具有豐富的可借鑑研究成果。根據搜救機器人工作環境的特殊性及工作內容的特殊性，搜救機器人的研究更加側重於環境適應能力的提升。根據移動機器人的發展趨勢以及搜救工作的特殊需求，搜救機器人的發展趨勢可歸結為以下幾個方面。

　　（1）穩定可靠的廢墟內通訊方式研究

　　目前，搜救機器人與操作人員之間的通訊方式分為電纜通訊和無線通訊兩種方式。電纜通訊穩定可靠，但在廢墟環境下嚴重阻礙機器人的搜救作業範圍；無線通訊方便靈活，但廢墟內的障礙物會導致通訊訊號的嚴重衰減，同時，各種電磁干擾也嚴重影響無線通訊的穩定性與可靠性。穩定可靠的廢墟內通訊方式是亟待解決的問題之一。

　　（2）廢墟環境下的自主運動控制方法研究

　　由於廢墟環境下的惡劣條件，結構化、平整地面的移動機器人自主運動控制方法難以滿足廢墟環境下機器人自主運動的需求，而廢墟環境

下搜救機器人的自主運動不但能夠有效提高搜救工作的效率，還可有效擴展機器人的搜救工作範圍。針對廢墟環境的機器人自主運動控制方法研究勢在必行。

（3）多機器人搜救隊研究

不同結構的搜救機器人具有不同的運動能力，不同功能的搜救機器人能夠執行不同的救援任務，廢墟環境的複雜性和救援任務的多樣性需要不同類型的搜救機器人參與救援工作，各機器人相互協調，快速完成搜救任務。

6.2 廢墟搜救機器人硬體系統

6.2.1 廢墟搜救機器人硬體構成

廢墟搜救機器人的硬體系統包含機器人本體硬體、運動執行機構硬體、感測系統硬體以及各種生命探測設備的硬體系統。

廢墟搜救機器人的本體硬體機構，雖然其運動方式分為輪式、履帶式等不同的運動方式，但結構相似；機器人的運動執行機構包含電動式、氣動式等方式；而感測系統包含距離感測設備、聲音感測設備、圖像感測設備等多種感測設備；機器人所搭載的各類生命探測設備由於其工作的基本原理不同，硬體構成也千差萬別。

此處，以一種典型的廢墟搜救機器人——可變形搜救機器人系統，說明廢墟搜救機器人的典型系統構成，以及機器人的運動學模型。

6.2.2 可變形搜救機器人硬體系統

以中國科學院瀋陽自動化研究所機器人學國家重點實驗室自主研製的可變形廢墟搜救機器人為例，對廢墟搜救機器人的硬體系統以及控制系統進行研究與說明。可變形廢墟搜救機器人是一種面向地震等災難的救援機器人，作為災難應急搜救機器人，可變形廢墟搜救機器人可搭載攝影機、拾音器等設備獲取廢墟內部的環境資訊，同時可搭載專業的生命探測儀，對廢墟內的倖存者生命跡象進行探測。可變形廢墟搜救機器人是人類腿足、眼和耳等器官的延伸，在廢墟搜救過程中發揮巨大的作用。

（1）可變形廢墟搜救機器人系統硬體組成與特點

可變形搜救機器人是一種構形可改變的高機動型移動機器人，通過改變自身構形適應不同條件的作業環境。可變形搜救機器人採用模組化結構，不但有利於在緊張的廢墟搜救現場進行維護，還有利於進行批量生產。如圖 6-1 為可變形搜救機器人整體結構圖。

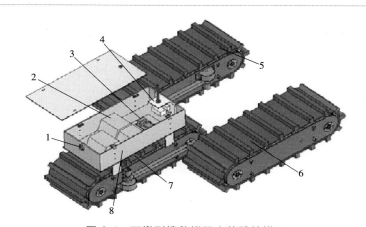

圖 6-1　可變形搜救機器人整體結構圖

1—攝影機；2—電源；3—主控單元；4—無線通訊模組；5—模組 C；
6—模組 A；7—模組 B；8—雲臺

機器人的運動主體由三個獨立的模組組成，分別為模組 A、模組 B和模組 C。其中，模組 A 包含履帶驅動裝置和俯仰驅動裝置，具有 2 個自由度；模組 B 包含履帶驅動裝置、俯仰驅動裝置和模組偏轉裝置，具有 3 個自由度；模組 C 包含履帶驅動裝置和模組偏轉裝置，具有 2 個自由度。模組 A 與模組 B 之間、模組 B 與模組 C 之間採用可拆卸的連桿進行連接。機器人的電源、主控單元、無線通訊模組和攝影機等分布在機器人模組 B 上方的雲臺中。

可變形搜救機器人的各項參數如表 6-1 所示，其中，d 構形、T 構形和 L 構形為可變形搜救機器人典型的三種構形。

表 6-1　可變形搜救機器人各項參數

參數	數值
每個模組接地長度/mm	276
單模組寬度/mm	110
模組間連桿長度/mm	193

參數	數值
d 構形寬度/mm	380
T 構形寬度/mm	540
L 構形寬度/mm	280
單模組高度/mm	150
最大高度/mm	240
單模組質量/kg	3
整體質量/kg	20
電機額定功率/W	10
電機額定電壓/V	24
電機最大力矩/N・m	10
履帶驅動最大速度/(m/s)	1.3
履帶驅動最大加速度/(m/s^2)	1

可變形搜救機器人具有如下特點。

① 模組化結構設計：便於裝配和進行維護，易於進行構形重組；

② 履帶式驅動：能夠適應非平坦、障礙物複雜的廢墟環境，具有高機動性；

③ 構形可重組：3 個模組之間採用連桿進行連接，通過改變模組間的拓撲結構可構成多種構形；

④ 模組內部中空：採用外部封裝、內部中空的設計理念，內部為電氣布線、外部表現為履帶驅動，具有很好的防護能力；

⑤ 運動與搭載：高機動性保證了機器人良好的運動能力，可搭載各類感測設備與搜救設備，既有利於擴展機器人性能，又可擴展作業能力。

(2) 可變形廢墟搜救機器人運動機理

可變形搜救機器人的運動主要可分為直線運動、轉向運動、俯仰運動和構形變換，各種複雜運動均由機器人各模組之間的運動組合疊加構成。

① 機器人的直線運動　由三個模組的履帶驅動裝置驅動模組進行的直線運動組合疊加構成，圖 6-2(a) 所示為機器人單模組由履帶驅動裝置驅動進行直線運動過程中，履帶裝置上點的受力分析圖。其中，驅動電機 J_i 順時針運動，驅動履帶運動。履帶上一點 P_i 受力分別為驅動電機的壓力 N_1、地面的彈力 N_2、機器人其他部分施加的壓力 N_3、履帶其他部分對該點的作用力 F_1 以及地面的摩擦力 f。在垂直方向上，$N_2 =$

N_3；在水平方向上，當機器人與地面不發生側滑時，$f＝F_1＋N_1$。在履帶驅動裝置的驅動下，機器人的單個模組進行直線運動。如圖 6-2(b) 所示，V_A、V_B 和 V_C 分別為模組 A、模組 B 和模組 C 的直線運動速度，當 $V_A＝V_B＝V_C$ 時，機器人進行直線運動。

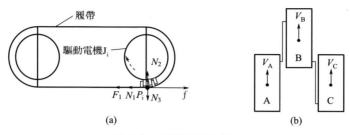

圖 6-2　直線運動示意圖

　　② 機器人的轉向運動　　可變形搜救機器人的轉向運動採用差速法，通過不同模組之間的協同運動完成。如圖 6-3(a) 所示，為機器人轉向運動時機器人各模組的運動速度示意圖。機器人在進行轉向運動時，機器人的模組 B 運動速度 $V_B＝0$，模組 A 和模組 C 的直線運動速度方向相反、大小相同，$|V_A|＝|V_C|$。由於三個模組之間採用剛體進行連接，當模組 A 和模組 C 運動速度不同時，機器人不會發生形變，機器人與地面之間發生滑動摩擦。圖 6-3(b) 為機器人轉向運動時各模組的受力分析示意圖，其中，f_A、f_B 和 f_C 分別為機器人的三個模組與地面之間的滑動摩擦力，r_A、r_B 和 r_C 分別為機器人的中心 O 到 f_A、f_B 和 f_C 所在直線間的距離。由於機器人與地面發生滑動摩擦，機器人在各模組滑動摩擦力的力矩 $M＝r_A f_A－r_B f_B＋r_C f_C$ 作用下產生轉向運動。

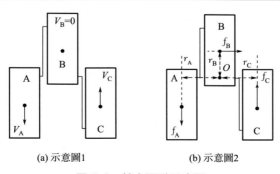

(a) 示意圖1　　　　　(b) 示意圖2

圖 6-3　轉向運動示意圖

③ 機器人的變形機理　可變形機器人的模組 A 和模組 C 具有 2 個自由度，模組 B 具有 3 個自由度，通過機器人的俯仰裝置和偏轉裝置可以改變三個模組之間的相對位置，進而改變機器人的構形。如圖 6-4(a) 所示，J_2 和 J_4 分別為可變形機器人模組 A 和模組 B 的俯仰裝置，驅動俯仰裝置可分別使機器人的模組 A 和模組 B 在垂直方向進行俯仰運動；J_5 和 J_7 分別為可變形機器人模組 B 和模組 C 的偏轉裝置，驅動偏轉裝置可分別使機器人的模組 B 和模組 C 在水平方向進行偏轉運動。如圖 6-4(b) 所示，通過驅動機器人的俯仰裝置和偏轉裝置，可變形機器人具有 9 種不同的構形，分別是 g 構形、d 構形、q 構形、L 構形、T 構形、R 構形、j 構形、p 構形和 h 構形，圖中的箭頭標示了不同構形之間的變換路徑。

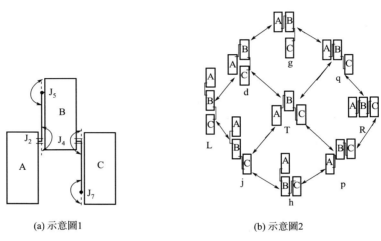

(a) 示意圖1　　　　　　　　　(b) 示意圖2

圖 6-4　可變形機器人變形機理示意圖

　　由於每種構形下，機器人與地面的接觸情況不同，機器人在運動過程中各模組之間的相互作用力也不相同，因此，機器人在不同的構形下具有不同的運動性能和穩定性能。T 構形兼顧良好的轉向性能、越障性能和防傾翻穩定性，T 構形為機器人執行廢墟搜救任務時進行漫遊、越障和攀爬樓梯中應用最為廣泛的構形；d 構形具有比 T 構形更加優良的通過性能，同時兼顧轉向性能和越障性能，但其防傾翻穩定性弱於 T 構形，該構形通常用於穿越狹小的廢墟空間；L 構形具有最佳的通過性能，但該構形下機器人的轉向性能和防傾翻穩定性不佳，該構形主要應用於相對平緩環境下穿越狹小空間；R 構形具有最佳的轉向性能，但該構形下機器人的防傾翻穩定性不佳，該構形多用於坡度較小的廢墟環境中。T 構形為最佳綜合性能運動構形，因此，機器人的初始化構形為 T 構形，

在執行廢墟搜救任務時使用最為廣泛的也是 T 構形。

6.2.3 可變形搜救機器人運動學模型

　　機器人的運動學模型是進行機器人運動分析和制定機器人運動控制策略的基礎。由於可變形搜救機器人在廢墟內進行漫遊、越障和攀爬樓梯等動作的執行多基於 T 構形，T 構形也是可變形機器人的最佳綜合性能構形，此處介紹的可變形機器人的運動學模型是機器人在 T 構形下的運動學模型。

　　可變形機器人為履帶式機器人，機器人在平面上進行直線運動時，三個模組的履帶驅動裝置驅動速度相同，即 $\omega_A = \omega_B = \omega_C$，機器人的運動速度為：

$$V = \omega_B r_m \tag{6-1}$$

　　式中，ω_A，ω_B，ω_C 分別為可變形機器人模組 A、B、C 履帶驅動裝置角速度，rad/s；r_m 為機器人履帶驅動裝置到履帶表面的距離，m。

　　圖 6-5(a) 所示為機器人在「抬頭」姿態下進行直線運動的側視圖。可變形機器人在進行轉向運動時，根據上文的分析，可變形機器人採用差速法進行轉向，即模組 A 和模組 C 運動速度方向相反、大小相同。圖 6-5(b) 所示為可變形機器人轉向運動俯視圖。其中，V_A 和 V_C 分別為可變形機器人模組 A 和模組 C 的單模組直線運動的運動速度，並有 $V_A = \omega_A r_m$，$V_B = \omega_B r_m$。可變形機器人通過模組 A 和模組 C 的協同運動實現轉向運動，機器人的轉向角速度為：

$$\omega_\theta = \frac{V'_C}{r_\theta} \tag{6-2}$$

　　機器人的轉向角度為：

$$\theta = \omega_\theta t \tag{6-3}$$

　　式中，V'_C 為可變形機器人模組 C 的重心的實際運動速度，m/s，由於可變形機器人的模組 A 和模組 C 在轉向運動過程中與地面發生滑動摩擦，因此 $V'_C \neq V_C$；t 為可變形機器人轉向運動的運動時間。

　　可變形機器人採用機器人雲臺的傾斜角度描述可變形機器人的傾斜角度，採用垂直於機器人雲臺的方向向量 $\vec{n}$ 描述可變形機器人的傾斜程度。當機器人不發生傾斜時：

$$\vec{n} = \vec{n}_0 = \begin{bmatrix} 0 \\ 0 \\ 1 \end{bmatrix} \tag{6-4}$$

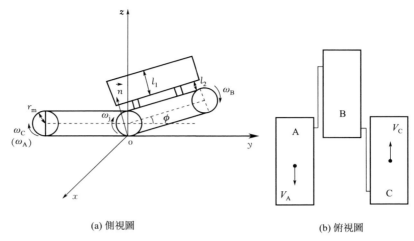

(a) 側視圖　　　　　　　　　　　　　(b) 俯視圖

圖 6-5　可變形機器人示意圖

　　當可變形機器人左右方向傾斜 θ_y 時，等價於可變形機器人橫滾 θ_y，機器人的傾斜方向向量為：

$$\vec{n} = \boldsymbol{R}(y,\theta_y)\vec{n_0} = \begin{bmatrix} \cos\theta_y & 0 & \sin\theta_y \\ 0 & 1 & 0 \\ -\sin\theta_y & 0 & \cos(\theta_y) \end{bmatrix} \begin{bmatrix} 0 \\ 0 \\ 1 \end{bmatrix} = \begin{bmatrix} \sin\theta_y \\ 0 \\ \cos\theta_y \end{bmatrix} \tag{6-5}$$

　　當可變形機器人左右方向傾斜 θ_x 時，等價於可變形機器人俯仰 θ_x，機器人的傾斜方向向量為：

$$\vec{n} = \boldsymbol{R}(x,\theta_x)\vec{n_0} = \begin{bmatrix} \cos\theta_x & 0 & \sin\theta_x \\ 0 & 1 & 0 \\ -\sin\theta_x & 0 & \cos\theta_x \end{bmatrix} \begin{bmatrix} 0 \\ 0 \\ 1 \end{bmatrix} = \begin{bmatrix} \sin\theta_x \\ 0 \\ \cos\theta_x \end{bmatrix} \tag{6-6}$$

　　可變形機器人在翻越障礙物和攀爬樓梯時，機器人各模組履帶驅動裝置驅動電機和俯仰裝置驅動電機的角速度需要進行協調控制，以調整機器人姿態。可變形機器人各模組驅動電機的角速度呈現一定的比例關係時，機器人才能通過一系列運動動作調整機器人的位置和姿態。可變形機器人各模組驅動裝置的驅動電機和俯仰裝置的驅動電機角速度比例關係如下：

$$S_A = \frac{\omega_A}{\omega_B} \tag{6-7}$$

$$S_C = \frac{\omega_C}{\omega_B} \tag{6-8}$$

$$S_j = \frac{\omega_j}{\omega_B} \qquad (6\text{-}9)$$

式中，ω_A，ω_B，ω_C 分別為可變形機器人模組 A、B、C 履帶驅動裝置角速度，rad/s；ω_j 為可變形機器人模組 A 和模組 B 俯仰裝置的驅動電機角速度，rad/s；S_A，S_C 和 S_j 分別為不同電機角速度的比值。

6.3　廢墟搜救機器人控制系統

廢墟搜救機器人兼具硬體複雜度高和控制複雜度高的特點，同時，需要應對非結構化的外部環境，因此，廢墟搜救機器人的控制系統與傳統的機器人系統相比，其可靠性和穩定性等方面具有較高的要求。

6.3.1　廢墟搜救機器人控制系統的要求

為了實現對機器人的靈活操控，並進一步實現機器人的自主運動，機器人的變形能力和多樣的運動姿態增加了控制系統設計的難度。該型機器人的控制系統需要滿足以下幾方面的要求。

（1）實時性

該型機器人面向複雜地形的作業環境，因此首先要實現對該機器人的靈活操控，控制系統的實時性是基本要求。然而控制系統要同時完成許多工作，比如要對每個關節的運動做規劃；對每路感測器回饋訊號進行濾波、識別等處理；將自身運行狀態及一些必要資訊回饋給操作者；對自身出現的故障進行及時處理等。為了使關節的運動平滑，並及時響應，至少使操作者感覺不到卡頓，操作系統對關節電機的控制週期要小於 200ms，機器人有五個運動關節需要同時控制。對感測器訊號的採集，若不計成本只考慮對資訊的應用，則採集頻率越高越好，通過對大量資料處理得到的最終資訊，其可信度更高。同時通訊也需要時間。可見，實時性這一要求對於該型機器人是必要的，也是難點所在。

（2）操作完整性

該型機器人具有兩棲多種運動步態，並且能夠變形，具備很強的環境適應能力。操作者應該能對機器人任何構形、任何步態進行控制，盡可能多地發揮出該機器人機械結構設計的優勢。控制系統搭建操作者與機器人之間的橋梁，應當提供操作者隨意操縱機器人的能力，同時，對可能損壞機器人的動作加以保護，避免操作者誤操作。

（3）容錯性

控制系統應當隨時掌控機器人的運動狀態、各電子器件的運行狀態，並能夠自動採取保護措施。比如在上電初期，控制系統應當對各電子器件進行自檢。在機器人運動過程中也要定時進行檢測，發現故障或是可能的對機器人的損害，應能夠自動停止運動或是回復到穩定姿態。

（4）可擴展性

機器人面對的任務是多樣的，根據任務需要有時需要添加感測器、增加控制策略等。機器人的控制系統應當便於擴展，而不需要改變整體系統框架，改變或刪除已經實現的功能。

（5）可監測機器人運行狀態

對機器人的運行狀態需要實時監測，並將資料保存便於後處理、調試與維修。

6.3.2 層次化分布式模組化控制系統結構設計

為滿足前文所述要求，基於層次化體系以及分步式控制設計了模組化控制系統結構，如圖 6-6 所示。控制系統分為三層，分別為監控層、規劃層和執行層。監控層實現人機互動，規劃層進行控制策略規劃，執行層實現運動控制和感測器訊號採集及預處理。各層由一個或多個功能模組組成，各模組具備獨立的控制器，通過多主總線通訊連接，構成分布式控制系統。

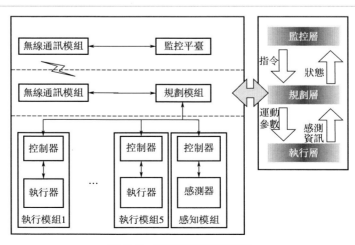

圖 6-6　控制系統結構框圖

監控層實現人機互動，一方面具備友好的操作界面，方便操作者操縱機器人，另一方面將機器人狀態資訊回饋給操作者。監控層由監控平臺與無線通訊模組組成。監控平臺發送操作指令，顯示並儲存機器人狀態資訊；無線通訊模組實現監控層與規劃層之間的通訊。

規劃層進行控制策略規劃。規劃層銜接監控層與執行層，處於整個控制系統的中心位置，發揮著調度中心的作用。該層根據操作者命令、機器人狀態資訊、環境資訊以及具體任務對機器人的運動進行全局規劃。該層由規劃模組和無線通訊模組組成。

執行層實現運動控制和感測器訊號採集及預處理。執行層由多個執行模組和多個感知模組組成，具備數量最多的功能模組。執行模組用於控制單個關節電機的運動，將控制週期縮短至百毫秒以內；感知模組用於採集感測器的資訊，並進行軟體濾波、識別等預處理。

6.4　廢墟搜救機器人控制站系統

搜救機器人系統是典型的「人-機-環境」系統，不但包括機器人本體機構，還包括感測、通訊和控制站等本體支撐系統。在搜尋與救援作業中，機器人和操作者通常處於人機分離的遙操作狀態，操作者只能通過控制站獲取機器人所處的環境和本體狀態，規劃和控制其執行救援任務。因此，控制站是機器人系統的核心控制機構之一，是實現人機互動的唯一平臺。

6.4.1　廢墟搜救機器人控制站系統特點

為了能夠在廢墟環境中安全有效地執行搜尋救援工作，本節根據可變形機器人的功能特性，結合搜尋與救援應用背景，針對控制站系統設計需求進行分析。

（1）控制站系統作為人機實現互動的唯一平臺，必須具備監控的基礎功能

① 能夠實時顯示機器人狀態、所處環境和位置、控制指令執行狀態等資訊。其中，機器人狀態可以通過資料和儀表盤等方式表示，所處環境和位置通過影片和音訊方式回饋，控制指令執行狀態採用文字描述的方式。

② 能夠實時控制機器人改變運動狀態，主要包括速度、方向和各項

參數設置等。其中，控制指令輸入可以通過軟按鍵、按鈕和搖桿等方式
實現，各項參數的設置通過手動修改方式實現。

（2）考慮到面向搜尋救援作業的特殊應用背景，設計還應該滿足
以下需求

① 搜救機器人存活能力主要取決於系統整體的環境適應能力。受災
環境存在二次倒塌等潛在危險，控制站所處環境也可能發生變化。系統
應盡可能實現複合功能，減小重量、體積和功耗。在適應環境的同時，
盡可能應對突發的外界干擾。

② 受災環境的高危險性嚴重威脅機器人自身安全，高複雜性的救援
作業極易造成操作者身體和認知疲勞，機器人有時會突發意外狀況。控
制站應盡可能為通訊延遲、機構故障、非結構動態環境和誤操作等安全
隱患提供解決途徑。

③ 搜救機器人基本思想是通過控制站實現人和環境互動，將人類的
感知和行為能力映射延伸到遠端危險環境。控制站設計應考慮到物理屏
障、訊號衰減等干擾因素，可以融合視覺與非視覺資訊採用多種效應通
道。除本體觀測角度外，盡可能提供多視角觀測機器人在局部環境內的
位置資訊。

④ 搜救機器人的移動需求和相對固定的控制站作業位置使系統處於
人機分離的遙操作狀態。該狀態嚴重增加了救援複雜程度。控制站應具
有局部自主能力，緩解操作人員工作強度。救援作業對控制站的監控精
度、互動品質、便攜性與舒適度均具有較高要求，設計應盡可能友好、
人性化。

⑤ 實際應用中，大多採用地面救援機器人、空中無人直升機、地面
救援工作人員、醫護人員和地面救護車輛共同組成一個多智慧體的立體
化網路系統。控制站系統應能夠充分發揮各平臺特點及優勢，輔助互動
資訊在系統整體範圍內流動與共享，為各級救援單位的判斷與決策提供
實時準確的資訊與行動支持。

（3）控制站設計過程中還應該考慮到以下具體功能需求

① 可變形機器人具有較強環境適應能力和高機動性能，多種運動構
形和運動步態使其具有不同環境空間適應能力。考慮到不同複雜程度的
控制任務，控制站應提供多層次可選擇的控制模式，滿足可變形機器人
繁多的控制指令需求。

② 可變形機器人具有一定的自主能力，當操作者不能及時對機器人
所處環境進行準確判斷時，控制站系統應提供機器人自主轉向、越障和

急停功能的調用介面，實現操控與監督結合的協同工作模式。

③ 機器人控制站系統應從資訊層面上將機器人與操作者連接在閉環迴路裡，通過環境感知、輔助操作、資訊回饋等互動方式操控機器人在廢墟等環境完成搜救任務，實現人類感知與行動能力的延伸。

根據上述分析的搜救機器人功能需求，基於人機互動技術的控制站系統應遵循以下原則。

① 環境適應性　搜救現場通常是隨機災害造成的非結構複雜環境，操作者所處環境也可能隨需求不同發生變化，同時任務部署也將根據具體受災狀況而變化。因此，控制站系統應具有應對外界不穩定和不確定因素的抗干擾能力，具有廣泛的環境適應性。

② 安全穩定性　安全穩定是系統整體功能實現的基本前提保障，應同時考慮周圍人和環境的安全以及機器人自身的安全。搜救現場環境複雜危險，操作者視野嚴重受限，導致感知推斷力下降，機器人有時會突發翻倒或卡住等意外事件。控制站應在感測器資料發生突變等情況下及時報警並進行緊急處理，避免事故惡化，保障任務順利執行。

③ 智慧專業性　控制站系統應該具有將人的靈活適應性與機器人的準確快速性相結合的能力。當機器人難以準確預測碰撞和實時選擇策略時，需要操作者輔助機器人從煩瑣的冗餘資料中快速提取有用資訊，並進行合理推斷。同時，操作者需要機器人通過快速的精確計算和資訊合成等優勢提供決策依據。在操作者難以及時作出準確判斷和決策時，控制站應具有輔助控制規劃能力，解決非結構環境障礙的隨機性為機器人運動規劃帶來的困難，降低資訊處理和推斷的時間消耗。

④ 多通道資訊融合　救援現場環境具有複雜性和危險性，單一的回饋資訊難以滿足實際搜救需求。例如，單純影片圖像資訊存在視野限制且容易受到灰塵煙霧等影響，而單純的聲音資訊難以辨別來源方位又容易受到現場噪音干擾。因此，基於多資源理論，互補融合並行的多通道資訊資源，可增強互動資訊準確度，提高系統容錯性及魯棒性。

⑤ 友好人性化　控制站應盡可能降低對操作者的技術訓練要求，能夠讓操作者相對直觀、有效地輔助機器人執行任務。搜救機器人作業缺乏臨場感和互動性，控制站應提供立體臨場環境和多效應通道體驗，符合視覺直觀的活動領域、非精確決策和隱含性互動等人類日常生活習慣。

6.4.2　廢墟搜救機器人控制站系統結構

隨著技術水平的不斷發展，機器人控制體系結構研究已經逐漸從單

一的硬體、獨立專業的控制器和單獨控制逐漸過渡到了軟硬體融合、通用開放式和多級協調控制。

機器人控制站系統體系結構研究目標是設計具有開放式、模組化的通用機器人控制站結構。硬體方面，採用開放型的通用電腦平臺，利用其成熟的軟硬體資源作為主控制器功能擴展的技術支持；軟體方面，採用標準操作系統，結合可移植性強的語言編寫應用程式。

功能模組的劃分、各模組間的資訊互動模式以及功能模組的實現是機器人控制系統體系結構的研究重點。通常有基於硬體層次和功能劃分的兩種基本結構，其中，基於硬體層次的劃分類型相對容易，但具有對硬體依賴性較強的缺陷。基於功能劃分的體系結構從功能角度將軟硬體系統作為整體進行分析和考慮，該類型的劃分更符合體系結構的研究初衷。

按照體系結構建立的各部件間連接方式的不同，可以分成慎思式、基於行為式和混合式三種體系結構類型。

① 慎思式體系結構　是指機器人根據已知的邏輯知識或搜索方法來推理生成預期目標的動作指令。通過邏輯語言和產生規則完成資源、任務和行動目標的知識表示。具有較強推理能力，知識表示明確，主要面向結構化環境的應用。

② 基於行為的體系結構　是指將系統分解成具有各自控制機制的基礎行為，並能夠通過相應仲裁機制組合形成智慧動作適應和響應外部環境的變化。一定程度上減輕甚至避免了設計和建立環境模型的工作。

③ 混合式體系結構　是指結合慎思式和基於行為的體系結構集成機制，採用主執行器作為順序器，通過規劃層獲取行動，決策和執行任務。通常包括順序器、資源管理器、製圖器、任務規劃器和性能監督求解器五個基本組成部分。

機器人體系結構的設計與建立主要包括計算的分布性、通訊的獨立性、系統的靈活性、可擴展性及遠端監督和控制幾方面可以借鑑的設計要點。

根據所分析的機器人控制需求和搜救作業需求，基於所提出的環境適應性、安全穩定性、智慧專業性、多通道資訊融合和友好人性化的五項設計原則，結合搜救機器人的任務特點與工作環境，採用融合慎思式和基於行為的混合式體系結構建立控制站系統體系結構，如圖 6-7 所示。下面分為層次劃分、控制迴路、功能模組和資料流動四個方面進行分析和說明。

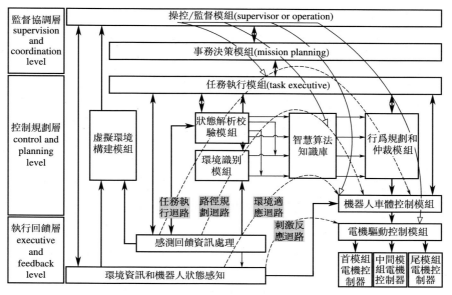

圖 6-7　控制站系統體系結構圖

（1）體系結構的層次劃分

該體系結構由監督協調層（supervision and coordination level）、控制規劃層（control and planning level）以及執行回饋層（executive and feedback level）組成。能夠滿足廢墟搜救機器人環境適應性需求，以層次化的設計方式歸類可變形機器人繁多功能需求，提高了系統通用性和可靠性。

① 執行回饋層　是機器人系統與外界環境直接互動的最底層。通過感測回饋資訊處理模組與環境資訊和機器人狀態感知模組，實現環境參數、機器人位置及姿態、任務執行狀態等的資料採集與資訊處理；通過機器人電機驅動控制模組結合首模組、中間模組和尾模組各自電機控制器基於當前狀態執行上層控制指令，例如轉向、調速、變形等控制指令。

② 控制規劃層　包括虛擬環境構建模組、狀態解析檢驗模組、環境識別模組、智慧算法知識庫、行為規劃與仲裁模組以及機器人車體控制模組。本層次為頂層監督協調層和底層執行回饋層之間的中間層，負責兩層次的互動。

首先，根據監督協調層的操控/監督模組執行任務決策，任務執行模

組負責對其他各個功能模組進行調度與規劃，是本層次的控制規劃核心部分。操控模式狀態下，任務執行直接分配至機器人車體控制模組；監督模式狀態下，任務執行需通過控制站系統的行為規劃與仲裁模組再對機器人車體執行控制。

其次，根據底層執行回饋層獲取的環境和機器人狀態資訊通過環境識別模組和狀態解析校驗模組或者直接傳輸到任務執行模組，作為任務執行狀態的實時判定及控制規劃的決策依據。虛擬環境構建模組融合狀態資訊構建機器人在局部環境下的三維虛擬環境，環境及機器人感知資訊通過該模組或者直接傳輸至上層監督協調層。

③ 監督協調層　是該體系結構最高智慧性的展現，該層次主要包括操控/監督模組以及事務決策模組。操作者通過該層次對機器人災難救援作業實現監督、操控和控制決策。操作者的介入提高了機器人系統整體的智慧性，包括全局環境感知，機器人任務規劃以及事務決策的快速實現，操控和監督兩種模式的選擇確保了機器人自主能力的應用，解決了非結構環境所帶來的未知、複雜、危險和高負荷等救援難題。

(2) 體系結構的控制迴路

在體系結構的底層和中間層用虛線形式描述了四條並行控制迴路，包括刺激反應迴路、環境適應迴路、路徑規劃迴路和任務執行迴路，展現了可變形機器人的自主智慧性。刺激反應迴路在機器人狀態突變情況下實現緊急停止；環境適應迴路在機器人導航過程中實現碰撞檢測和自主避障等功能；路徑規劃迴路負責機器人的環境識別和路徑追蹤；任務執行迴路根據監督規劃層的決策調度智慧算法知識庫實現局部自主行為。

貫穿體系結構三個層次的四條虛線描述了操作者能夠通過控制站系統實現對環境適應迴路、路徑規劃迴路和任務執行迴路三個控制迴路的介入與控制。同時，操作者能夠直接對電機驅動控制模組進行控制，實現轉向等基本底層控制或者調試功能，展現了控制站系統的環境適應性以及智慧專業性。

(3) 體系結構的功能模組

為了能夠更清晰地對功能模組以及資訊互動流程進行描述，本文對所提出的控制站系統體系結構圖進行簡化，以各模組功能以及資訊互動為側重點，給出控制站系統功能結構框圖，「人-機-環境」一體化的機器人功能結構由機器人以及控制站系統兩部分組成，如圖 6-8 所示。

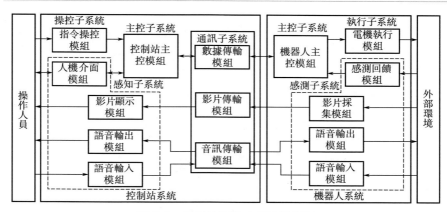

圖 6-8　控制站系統功能結構框圖

　　機器人系統除本體機構外還包括三種子系統。

　　主控子系統：分析控制指令及狀態資訊，規劃機器人運動構形及步態，是機器人的決策系統。

　　執行子系統：執行機器人的運動規劃，改變運動構形及步態。

　　感測子系統：能夠通過多感測器探測及感知周圍環境，實現多通道感測資訊並存。

　　控制站系統由四種子系統組成。

　　主控子系統：作為控制站系統的核心部分，負責資訊的整合及規劃的決策，操控機器人執行規劃部署。控制站主控模組對互動資訊進行提取、解碼、分析、優化、統籌、儲存等處理，為操作人員與機器人之間閉環互動提供人機介面。

　　操控子系統：結合人機界面模組及指令操控模組，子系統基於多互動資源提供多種控制指令輸入模式。操作者結合具體救援任務和現場受災狀況切換操控或者監督工作模式。

　　感知子系統：通過資料、影片及音訊的多資訊通道融合虛擬和真實環境為操作人員的控制決策提供依據，具有環境感知以及狀態感知功能。環境感知提供聽覺和視覺兩種通道來獲取外部環境資訊，狀態感知包括機器人構形步態以及任務執行狀態感知。

　　通訊子系統：作為控制站與機器人之間資訊互動的橋梁，實現操作人員控制規劃指令到機器人控制系統的準確下達，並實時獲取機器人所回饋的位姿和狀態以及救援環境資訊，確保控制站系統對機器人狀態的實時監視與遠距離操控。

(4) 體系結構的資料流動

① 感知狀態資料　控制站系統提供虛擬和真實兩種實時狀態回饋形式相結合的工作機制，控制站系統通過傳輸子系統獲取機器人實時狀態資料傳送到主控制模組，構建虛擬監控環境，結合真實的環境資訊使操作者通過人機界面模組實時感知和判定機器人的實際運行狀態。

② 控制指令資料　操作者通過控制站系統的兩種機制能夠實現機器人控制。首先通過指令操控模組選擇監控模式和輸入指令。直接操控模式下，控制站主控模組只對指令進行簡單處理，以命令行形式傳遞任務指令；監督控制模式下，主控模組對指令任務進行處理生成行為序列，再通過資料傳輸模組實現指令的下達。

控制站系統融合了層次式控制體系和基於行為的控制體系，具有層次清晰、結構開放、通用性強等特點。同時，按功能採用模組化劃分，以多通道資訊融合的方式，從資訊層面上將人（救援人員）、機（可變形災難救援機器人系統）和環境（廢墟救援現場）連接在閉環迴路裡，通過環境感知、輔助操作、資訊回饋等互動方式監督操控機器人在廢墟等環境執行救援任務，實現搜救人員感知與行動能力的延伸。

6.4.3　廢墟搜救機器人控制站工作模式

機器人學研究領域中，人機互動通道是指人和機器人間傳遞和交換資訊的通訊信道。人機互動通道包括感覺通道和效應通道，感覺通道主要用於感知資訊，效應通道主要根據感知資訊進行處理和任務執行。當今人機互動的發展主要趨於通過整合來自多個通道不同精確程度的輸入完成使用者意圖的捕捉，既能夠反映理性的電腦結構，又能夠提高互動的自然性和高效性。

視覺和語音通道是最符合人類日常習慣的自然互動模式，操作者能夠通過兩種通道的互補感知環境資訊。機械接觸式通道是最基本的互動方式，主要完成確認任務目標和實現控制指令的下達。

下面對控制站系統所具有的多通道協同工作模式進行深入研究。

(1) 視覺互動通道

廢墟的狹窄倒塌式結構是救援人員甚至救援犬都難以進入的，為了保證現場作業人員安全，控制站與機器人之間需保持一定的作業距離，即操作者通過遙操作的方式不跟隨機器人進入廢墟，研究應首先解決控制站系統和移動機器人本體的影片傳輸問題。

同時，由於救援任務的複雜性，搜救總體指控中心需要對各個廢墟

搜救機器人所探測的影片資訊進行統一的監督和管理。由於各機器人系統已經事先配置了不同的傳輸系統，研究還應考慮如何將其他機器人互不干擾地集成到搜救機器人整體系統，實現影片資訊共享。

根據上述視覺互動通道功能需求，控制站系統採用多種影片通訊模式協同工作的方法，搭建複合式的影片傳輸平臺，以適應不同的監控位置和作業需求，使系統具有功能裁剪性，一定程度上降低了系統的耦合性。

下面針對不同終端展開複合式視覺互動通道研究。

控制站操作現場：該部分的視覺互動通道分為真實環境與虛擬環境的兩種實時狀態感知通道。

控制站系統接收遠端機器人採集的環境和狀態資訊，所傳輸的真實環境資訊通過影片傳輸系統提供至控制站的人機界面模組。真實環境的視覺互動通道採用無線微波傳輸遠端環境影片資訊，並針對不同的監控位置及搜救任務提供載波頻率及發射功率不同的兩套系統設計方案。分別具有圖像清晰穩定，接收品質較佳和具有較強的抗干擾性能，能夠適應封閉複雜的救援環境的功能特性。提供多個通訊頻道，支持機器人採集的多方向影音訊號同步傳輸，擴展視距範圍，實現真實環境的視覺感知。

遠端指揮中心：為了適應聯網監控規模以及救援作業需求的變化，視覺互動通道的設計採用分層次的網路管理模式，以遠端指揮中心作為整個系統的網路中樞，各個機器人控制站系統作為二級網路結點，控制站操作現場與遠端指揮中心視覺互動通道結構示意圖如圖 6-9 所示。相對靠近機器人救援作業位置的控制站操作現場與遠端指揮中心通過無線局域網實現影片通訊。

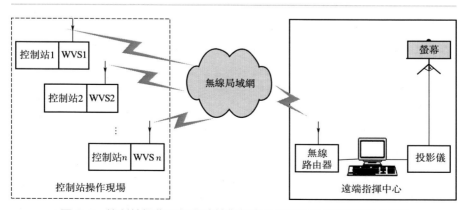

圖 6-9　控制站操作現場與遠端指揮中心視覺互動通道結構示意圖

　　放置在不同救援現場附近的各個機器人控制站接收各自回饋的影片監控資訊，並通過有線方式傳輸影片訊號至網路影片伺服器，這些網路影片伺服器通過一個無線路由器接入無線區域網。放置在遠端指揮中心的 PC 機通過有線方式與該公共路由器連接，接入無線區域網。能夠通過專門的影片監控軟體訪問並管理網路影片伺服器，並對影片資訊進行解碼顯示。

　　（2）語音互動通道

　　設計的主要目標是能夠與視覺通道進行互補，緩解單一通道所帶來的強度負荷，在影片訊號受到嚴重干擾的情況下輔助資訊獲取，貼近人類生活習慣，提高搜尋倖存者的效率。

　　控制站系統提供包括廢墟現場倖存者與控制站操作者的語音互動，各個控制站現場操作人員間的語音互動和遠端指揮中心與控制站操作現場的語音互動三部分。語音互動通道示意圖如圖 6-10 所示。

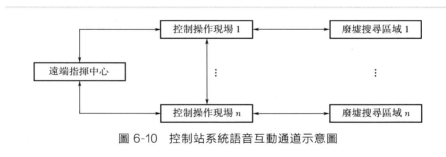

圖 6-10　控制站系統語音互動通道示意圖

　　語音互動通道的實現可以和視覺互動通道相結合，採用相同的傳輸設備進行音訊訊號傳輸，採集與獲取可以通過拾音器、揚聲器等產品化對講設備實現。

　　（3）機械觸覺通道

　　機械觸覺通道主要通過滑鼠、鍵盤等觸摸和按壓等方式實現，觸控板、搖桿和按鈕等可以作為輔助通道，實現人與控制器間的互動。機械觸覺通道人機互動過程示意圖如圖 6-11 所示。

　　在控制站系統資訊互動過程裡，通常結合不同互動通道自身特點和優勢，以主輔通道互補的方式共同合作執行互動任務。有效降低單個通道的承載負荷，提高互動的可靠性和任務執行效率。圖 6-12 所示即主輔通道協同工作模式示意圖。

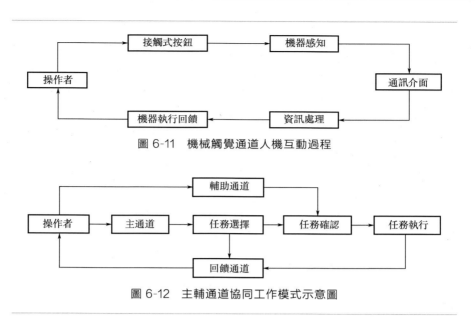

圖 6-11　機械觸覺通道人機互動過程

圖 6-12　主輔通道協同工作模式示意圖

　　控制站系統人機互動的視覺和語音通道具有直接性和自然性，符合人類日常行為習慣。但是語音通道需要視覺通道的引導和提示，兩種互動通道應該共同作為互動的主通道，機械觸覺通道則作為輔助通道執行任務決策工作。

　　根據各個效應通道的優勢和缺陷，選擇主輔協同工作模式，視覺結合語音作為主通道，機械觸覺通道作為輔助通道。視覺和語音通道利用感知資訊快速高效的優勢，進行環境感知和狀態獲取，兩種通道出現衝突時，以視覺通道資訊為主。機械觸覺通道作為進行決策任務的輸入手段和感知危險突發情況的途徑。

　　通過多通道主輔協同工作，降低了單個通道作業負荷，有效緩解操作者疲勞感。同時，改善了系統感知能力，提高了互動的可靠性和工作效率。

6.5　顛簸環境下廢墟搜救機器人自主運動

6.5.1　顛簸環境對廢墟搜救機器人的運動影響

　　廢墟環境為非結構化複雜環境，由於樓宇廢墟環境的地面為非平坦

地面，機器人在非平坦地面上運動過程中，機器人所在平面與地平面之間的夾角會產生劇烈的變化，對外表現為機器人顛簸。因此樓宇廢墟環境是一種顛簸環境。由於機器人在樓宇廢墟環境下自主運動的控制與決策依賴於感知系統的各類感測器採樣獲得的量測資料，而各類感測器以剛性連接的方式進行裝配，機器人的顛簸導致感測器所在平面與地平面之間的夾角產生劇烈變化，尤其是測距感測器，感測器的量測方向會產生劇烈的變化，進而導致機器人與周圍環境之間的距離感知資料的量測誤差增大。機器人在自主運動過程中，距離感知資料是機器人進行運動控制與決策的重要依據，距離感知資料量測誤差的增大會導致機器人自主運動的決策失誤。

由於機器人的決策失誤是由機器人在運動過程中所依據的誤差偏大的距離量測資料產生的，本文規定量測誤差過大的距離量測資料為無效資料，滿足一定條件的距離量測資料為有效資料。從感測器量測資料角度判斷機器人自主運動決策誤差的標準為，機器人在世界座標系中通過半機器人長度的距離內自主運動決策所依據的有效資料數量，該資料為零時，機器人會導致決策失誤。

6.5.2　顛簸環境下廢墟搜救機器人運動學模型

機器人在通過平坦地面上高度較小的障礙物時，會發生一定程度的顛簸，顛簸引起的傾斜角度大小和發生顛簸的頻率同障礙物的外形、尺寸和障礙物的分布位置有關。根據障礙物的外形，可將產生顛簸的障礙物分為類桿形障礙物、類矩形障礙物、類三角形障礙物和類球形障礙物。現分別對存在以上四種障礙物的顛簸環境進行分析，得出機器人的傾斜角度同機器人與障礙物的相對位置、障礙物的尺寸大小之間的函數關係，建立顛簸環境下機器人姿態的數學模型。

（1）類桿形障礙物

如圖 6-13 所示，A、B 為類桿形障礙物的兩個端點，P、Q 分別為機器人在水平地面上放置時與地面接觸部分的頂點。當 PQ 的中點與 A 點接觸時，機器人的傾斜角度未超過 $40°$，則視障礙物為可翻越障礙物，否則為不可翻越障礙物。

以機器人與障礙物接觸的初始時刻 P 點的位置為座標原點，建立座標系。令 $PQ = l$，$AB = h$，θ 為機器人的傾斜角度，$\theta = \angle QPB$，$OP = x'$，$OQ = z'$。

根據機器人與障礙物的接觸點的不同可將機器人翻越障礙物的主要

過程分為圖 6-13 中所示的 4 種過程。

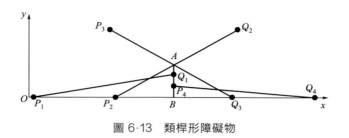

圖 6-13　類桿形障礙物

過程 1：P 點與地面接觸且 Q 點與障礙物接觸，該過程中，機器人的傾斜角度函數如下：

$$\theta = \arccos \frac{l - x'}{l} \tag{6-10}$$

過程 2：P 點與地面接觸且機器人底部與障礙物接觸，該過程中，機器人的傾斜角度函數如下：

$$\theta = \arctan \frac{h}{l - x'} \tag{6-11}$$

過程 3：Q 點與地面接觸且機器人底部與障礙物接觸，該過程中，機器人的傾斜角度函數如下：

$$\theta = \arctan \frac{h}{z' - l} \tag{6-12}$$

過程 4：P 點與障礙物接觸且 Q 點與地面接觸，該過程中，機器人的傾斜角度函數如下：

$$\theta = \arccos \frac{z' - l}{l} \tag{6-13}$$

（2）類矩形障礙物

如圖 6-14 所示，A、B、D、C 為類矩形障礙物的四個端點，P、Q 分別為機器人在水平地面上放置時與地面接觸部分的頂點。當 PQ 的中點與 A 點接觸時，機器人的傾斜角度未超過 $40°$，則視障礙物為可翻越障礙物，否則為不可翻越障礙物。

以機器人與障礙物接觸的初始時刻 P 點的位置為座標原點，建立座標系。令 $PQ = l$，$AB = h$，$BD = d$，θ 為機器人的傾斜角度，$\theta = \angle QPB$，$OP = x'$，$OQ = z'$。

根據機器人與障礙物的接觸點的不同可將機器人翻越障礙物的主要過程分為圖 6-14 中所示的 4 種過程。

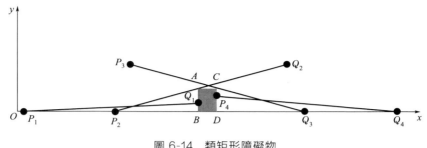

圖 6-14　類矩形障礙物

過程 1：P 點與地面接觸，Q 點與障礙物接觸，該過程中，機器人的傾斜角度函數如下：

$$\theta = \arccos \frac{l-x'}{l} \tag{6-14}$$

過程 2：P 點與地面接觸，機器人底部與障礙物接觸，該過程中，機器人的傾斜角度函數如下：

$$\theta = \arctan \frac{h}{l-x'} \tag{6-15}$$

過程 3：Q 點與地面接觸且機器人底部與障礙物接觸，該過程中，機器人的傾斜角度函數如下：

$$\theta = \arctan \frac{h}{z'-l-d} \tag{6-16}$$

過程 4：P 點與障礙物接觸且 Q 點與地面接觸，該過程中，機器人的傾斜角度函數如下：

$$\theta = \arccos \frac{z'-l-d}{l} \tag{6-17}$$

（3）類三角形障礙物

如圖 6-15 所示，A、B、C 為類三角形障礙物的三個端點，$AB = AC$，D 為 BC 中點，P、Q 分別為機器人在水平地面上放置時與地面接觸部分的頂點。當 PQ 的中點與 A 點接觸時，機器人只有一個點與障礙物接觸，且機器人的傾斜角度未超過 $40°$，則視障礙物為引起顛簸的障礙物，否則障礙物可視為坡。

以機器人與障礙物接觸的初始時刻 P 點的位置為座標原點，建立座標系。令 $PQ = l$，$AD = h$，$BD = CD = d$，θ 為機器人的傾斜角度，$\theta = \angle QPB$，$OP = x'$，$OQ = z'$。

根據機器人與障礙物的接觸點的不同可將機器人翻越障礙物的主要

過程分為圖 6-15 中所示的 4 種過程。

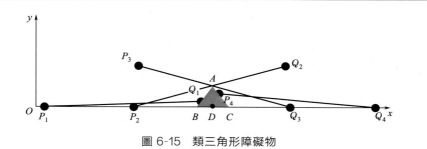

圖 6-15　類三角形障礙物

　　過程 1：P 點與地面接觸，Q 點與障礙物接觸，該過程中，機器人的傾斜角度函數如下：

$$\theta = \arccos \frac{h^2(l-x') + d\sqrt{l^2h^2 + l^2d^2 - h^2(l-x')^2}}{lh^2 + ld^2} \tag{6-18}$$

　　過程 2：P 點與地面接觸，機器人底部與障礙物接觸，該過程中，機器人的傾斜角度函數如下：

$$\theta = \arctan \frac{h}{l+d-x'} \tag{6-19}$$

　　過程 3：Q 點與地面接觸且機器人底部與障礙物接觸，該過程中，機器人的傾斜角度函數如下：

$$\theta = \arctan \frac{h}{z'-l-d} \tag{6-20}$$

　　過程 4：P 點與障礙物接觸且 Q 點與地面接觸，該過程中，機器人的傾斜角度函數如下：

$$\theta = \arctan \frac{h^2(z'-l-2d) + d\sqrt{l^2h^2 + l^2d^2 - h^2(z'-l-2d)^2}}{lh^2 + ld^2}$$

$$\tag{6-21}$$

（4）類球形障礙物

　　如圖 6-16 所示，A、B、C 為類球形障礙物上的點，$\overset{\frown}{BAC}$ 為半圓，BC 為直徑，D 為 BC 中點，$AD \perp BC$，P、Q 分別為機器人在水平地面上放置時與地面接觸部分的頂點。用直線連接 A、B、C 三點構成 $\triangle ABC$，當 PQ 的中點與 A 點接觸，且 P 點在橫座標軸上時，若線段 PQ 只有一個點與 $\triangle ABC$ 接觸，且機器人的傾斜角度未超過 40°，則視弧形障礙物為引起顛簸的障礙物，否則障礙物可視為坡。

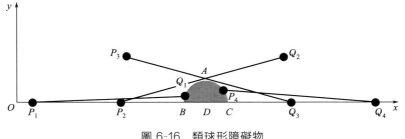

圖 6-16　類球形障礙物

以機器人與障礙物接觸的初始時刻 P 點的位置為座標原點，建立座標系。令 $PQ=l$，$AD=h$，$BD=CD=d$，θ 為機器人的傾斜角度，$\theta=\angle QPB$，$OP=x'$，$OQ=z'$。

根據機器人與障礙物的接觸點的不同可將機器人翻越障礙物的主要過程分為圖 6-16 中所示的 4 種過程。

過程 1：P 點與地面接觸，Q 點與障礙物接觸，該過程中，機器人的傾斜角度函數如下：

$$\theta=\arccos\frac{-b+\sqrt{b^2-4ac}}{2a} \tag{6-22}$$

式中

$$a=4d^2l^2-4l^2(l-x')^2$$
$$b=4[l^2+(l-x')^2-2d^2](l^2-lx')$$
$$c=4d^2(l-x')^2-[l^2+(l-x')^2]$$

過程 2：P 點與地面接觸，機器人底部與障礙物接觸，該過程中，機器人的傾斜角度函數如下：

$$\theta=\arcsin\frac{d}{l+d-x'} \tag{6-23}$$

過程 3：Q 點與地面接觸且機器人底部與障礙物接觸，該過程中，機器人的傾斜角度函數如下：

$$\theta=\arcsin\frac{d}{z'-l-d} \tag{6-24}$$

過程 4：P 點與障礙物接觸且 Q 點與地面接觸，該過程中，機器人的傾斜角度函數如下：

$$\theta=\arccos\frac{-b+\sqrt{b^2-4ac}}{2a} \tag{6-25}$$

式中

$$a = 4d^2l^2 - 4l^2(z'-l-2d)^2$$
$$b = 4[l^2 + (z'-l-2d)^2 - 2](lz'-l^2-2ld)$$
$$c = 4d^2(z'-l-2d)^2 - [l^2 + (z'-l-2d)^2]$$

6.5.3　顛簸環境下模糊控制器分析與設計

模糊控制器的任務是根據機器人運動環境的顛簸程度，控制機器人的運動速度，使機器人的運動速度與環境的顛簸程度相協調，提高機器人在世界座標系中半機器人長度距離內自主運動決策所依據的有效資料數量，進而降低機器人的自主運動決策誤差，防止機器人發生決策失誤，並兼顧機器人搜救工作的效率。

（1）輸入輸出變數

模糊控制器的輸入變數為有效採樣比例。系統採用機器人測距感測器量測資料的有效採樣比例為參數，表徵顛簸環境的顛簸程度，量測資料的有效採樣比例越小，顛簸環境的顛簸程度越高。根據人類活動經驗，將顛簸環境的顛簸程度分為五種，分別為：不顛簸、輕度顛簸、中度顛簸、高度顛簸和極度顛簸，顛簸程度逐漸增加，輸入變數的模糊子集為{BN,BS,BM,BH,BE}。圖 6-17(a) 所示為輸入變數的隸屬度函數形式，其中橫軸為距離量測資料的有效採樣比例，縱軸為隸屬度。

模糊控制器的控制目標為基於顛簸環境的顛簸程度控制機器人的運動速度，以降低機器人決策失誤的可能性。因此，模糊控制器的輸出變數為機器人的運動速度。根據人類活動經驗，將機器人的運動速度分為以下五種：慢速、低速、中速、高速和極速，輸出變數模糊子集為{VS,VL,VM,VH,VE}。圖 6-17(b) 所示為輸出變數的隸屬度函數形式，其中橫軸為機器人運動速度，縱軸為隸屬度。

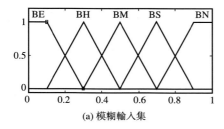
(a) 模糊輸入集

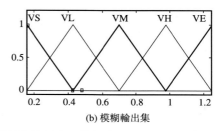
(b) 模糊輸出集

圖 6-17　輸入、輸出變數的隸屬度函數形式

（2）模糊控制規則

根據對模糊控制器輸入變數、輸出變數分析，模糊控制器的輸入變數為有效採樣比例，輸出變數為機器人運動速度，因此，該模糊控制器為單輸入、單輸出控制器，模糊控制規則如表 6-2 所示，其中，Ratio 為模糊控制器的輸入變數，即有效採樣比例，V 為模糊控制器的輸出變數，即機器人的運動速度。

表 6-2　模糊控制規則的語言描述

變數	模糊子集				
Ratio(if)	BE	BH	BM	BS	BN
V(then)	VS	VL	VM	VH	VE

從有效採樣比例論域 Ratio 到速度論域 V 的模糊關係 $\boldsymbol{R}$ 如下：

$$\boldsymbol{R} = (\text{BE} \hat{\times} \text{VS})(\text{BH} \hat{\times} \text{VL})(\text{BM} \hat{\times} \text{VM})(\text{BS} \hat{\times} \text{VH})(\text{BN} \hat{\times} \text{VE}) \quad (6\text{-}26)$$

式中，$\hat{\times}$ 為模糊直積算子。

模糊控制器的模糊控制矩陣是模糊規則的數學描述，根據圖 6-17 模糊控制器輸入變數和輸出變數的隸屬度函數以及公式(6-26) 所示模糊控制規則可得，模糊控制器的模糊控制規則矩陣為：

$$\boldsymbol{R} = \begin{bmatrix} 1 & 0.5 & 0 & 0 & 0 \\ 0.5 & 0.5 & 0.5 & 0.5 & 0 \\ 0 & 0.5 & 1 & 0.5 & 0 \\ 0 & 0.5 & 0.5 & 0.5 & 0.5 \\ 0 & 0 & 0 & 0.5 & 1 \end{bmatrix} \quad (6\text{-}27)$$

模糊控制器的關鍵控制作用在於基於表徵顛簸環境的顛簸程度的有效採樣比例控制機器人的運動速度 V，機器人的輸出變數可通過如下關係獲得：

$$V = \boldsymbol{R} \circ \text{Ratio} \quad (6\text{-}28)$$

式中，$\circ$ 為模糊集合合成算子。

6.5.4　仿真研究

系統採用 MATLAB 進行仿真研究，驗證系統的準確性和有效性。

（1）仿真條件

根據顛簸環境下機器人姿態的數學模型分析可知，機器人在不同尺寸的障礙物環境下運動過程中，機器人的傾斜角度變化不同。其中，引

起機器人產生顛簸的主要障礙物為類矩形障礙物。圖 6-18 所示為在不同尺寸的類矩形障礙物環境下，機器人通過一次障礙物過程中的傾斜角度變化資料，橫軸為機器人在世界座標系內進行直線運動過程中與出發點之間的水平距離，縱軸為機器人前進方向的傾斜角度，機器人向上傾斜時，機器人的傾斜角度採用正數表示，機器人向下發生傾斜時，機器人的傾斜角度採用負數表示。圖 6-18(a) 中類矩形障礙物高度為 1cm、寬度為 6cm，機器人在運動過程中的最大傾斜角度為 3.583°；圖 6-18(b) 中類矩形障礙物高度為 3cm、寬度為 4cm，機器人在運動過程中的最大傾斜角度為 10.8°；圖 6-18(c) 中類矩形障礙物高度為 6cm、寬度為 6cm，機器人在運動過程中的最大傾斜角度為 22.01°；圖 6-18(d) 中，類矩形障礙物的高度為 12cm、寬度為 6cm，機器人在運動過程中的最大傾斜角度為 29.99°。

根據圖 6-18 以及上文對各類引起顛簸的障礙物下機器人的姿態數學模型分析可知，機器人在顛簸環境下的傾斜角度具有複雜性、多變性等特點，並且隨著廢墟環境下多種障礙物的疊加，機器人在顛簸環境下的姿態更加複雜。

由於仿真實驗的目的是驗證控制方法的有效性和準確性，因此，仿真實驗條件應該與實際條件相符。根據圖 6-18 分析以及上文的顛簸環境下機器人姿態的數學模型分析可得，MATLAB 仿真實驗的必要條件如下：

① 機器人的傾斜角度隨著機器人在世界座標系內與出發點水平距離的變化而變化，機器人向上傾斜和向下傾斜時傾斜角度不同；

② 機器人的傾斜角度必須包含機器人在實際顛簸環境下傾斜角度的變化範圍內的全部取值區間；

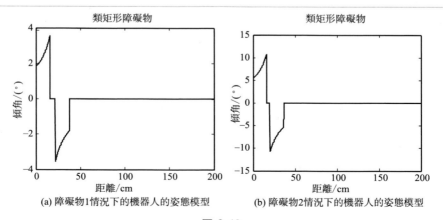

(a) 障礙物1情況下的機器人的姿態模型　(b) 障礙物2情況下的機器人的姿態模型

圖 6-18

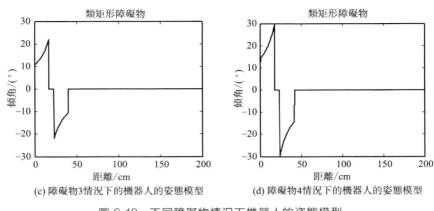

(c) 障礙物3情況下的機器人的姿態模型　　　(d) 障礙物4情況下的機器人的姿態模型

圖 6-18　不同障礙物情況下機器人的姿態模型

③ 機器人在實際顛簸環境下顛簸程度存在強弱的變化，仿真條件必須包含不同的顛簸程度，並且包含機器人由顛簸程度低到顛簸程度高的運動階段，以及機器人從顛簸程度高到顛簸程度低的運動階段。

由於實際環境中，導致機器人發生顛簸的障礙物多為類矩形障礙物，本文採用模擬機器人通過多個類矩形障礙物的方式，依據上文分析獲得機器人顛簸環境下的傾斜角度。圖 6-19 所示為仿真實驗的仿真條件示意圖。圖中，點 O 為起始位置，此時，機器人與障礙物開始接觸，機器人上的點 P 與點 O 重合，起始位置為機器人與障礙物開始接觸的位置，機器人在運動過程中與出發點之間的水平距離即為點 P 和點 O 之間的水平距離，類矩形障礙物應該滿足上述必要條件，具有不同的尺寸大小。

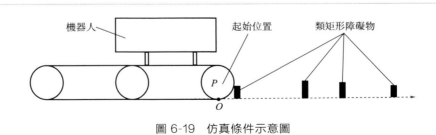

圖 6-19　仿真條件示意圖

仿真實驗中，選取 8 個尺寸大小不同的類矩形障礙物，高度分別為 6cm、3cm、4cm、12cm、5cm、5cm、12cm、2cm，寬度均為 6cm，相鄰障礙物間距離均為 45cm。如圖 6-20 所示，為機器人越過 8 個類矩形障礙物的過程中傾斜角度的變化資料，其中，機器人向上傾斜時的傾斜角

度為正，機器人向下傾斜時的傾斜角度為負。該資料中，傾斜角度變化範圍包含實際環境下的取值區間，並且包含不同顛簸程度下的資料，滿足上述仿真必要條件。

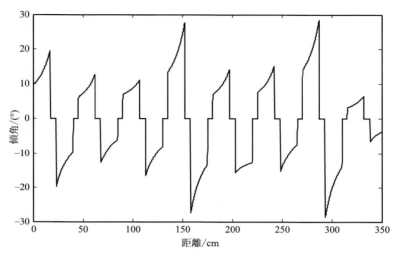

圖 6-20　機器人傾角資料

（2）仿真結果與分析

　　圖 6-21 和圖 6-22 所示為將上述顛簸環境下機器人的傾斜角度仿真資料輸入仿真系統後得到的實驗結果。其中，圖 6-21 為模糊控制器的輸入變數和輸出變數，圖 6-22 為採用運動速度與環境顛簸程度相協調的控制方法和機器人採用恆定速度進行控制下，機器人在水平方向上通過機器人長度的一半的距離範圍內，即 32cm 距離的過程中，所獲得的有效採樣資料的數量。選擇通過機器人長度的一半的距離，原因在於，機器人的中心點處在機器人的幾何中心上，機器人在運動過程中懸空會導致機器人與其他物體的猛烈碰撞，甚至會發生傾翻。

　　圖 6-21 中，橫軸為機器人與起始位置的水平距離，縱軸分別為輸入變數有效採樣比和輸出變數機器人的運動速度。由圖 6-21 並結合圖 6-20 仿真條件分析可知，在環境顛簸程度較大的區域，例如橫軸座標 [10,40] 之間，機器人的傾斜角度較大，導致有效採樣比較小，在這種條件下，機器人降低運動速度；反之，在環境顛簸程度較小的區域，例如橫軸座標 [320,350] 之間，機器人的傾斜角度較小，有效採樣比較大，機器人提高運動速度。圖 6-21 所示仿真結果與上文理論分析相符。

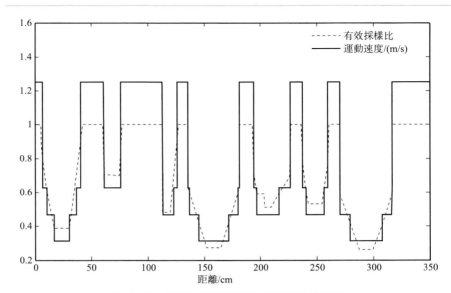

圖 6-21　模糊控制器的輸入變數和輸出變數

　　圖 6-22 為分別在速度協調控制運動條件下和機器人採用恆定速度運動條件下，機器人通過相同距離過程中，機器人有效距離採樣資料的數量，圖中速度協調條件下，有效採樣數量均不小於 1。如圖中點（170.5,3），為機器人在通過與出發點距離［138.5,170.5］的位置區間過程中，機器人所獲得的有效距離採樣資料數量為 3。通過圖中兩種情況下的資料對比可知，顛簸情況下，機器人採用勻速運動時，在通過機器人長度一半的過程中，存在有效距離採樣資料為零的情況，該情況下，機器人獲得的距離資料偏差過大，機器人依據距離採樣資料進行的決策為錯誤決策，造成機器人決策失誤。而採用機器人運動速度與環境顛簸程度相協調的控制方法，機器人在通過機器人長度一半的過程中，有效距離採樣資料的數量至少為 1，該過程中，機器人可舍棄所有的無效距離採樣資料，依靠有效採樣資料進行決策。如在橫軸座標［270,300］之間，圖 6-20 表明該區間內機器人傾角較大，圖 6-21 表明該區間有效採樣比例較小，共同說明環境顛簸程度高，該區間內機器人的運動速度與顛簸程度相協調，速度較小。圖 6-22 顯示，採用 1.02m/s 勻速運動時，有效採樣數量為零，不存在有效決策依據資料，而採用速度協調方法，有效採樣數量大於 1，存在有效決策依據資料。上述分析表明，採用運動速度與環境顛簸程度相協調的控制方法，可有效解決機器人在顛簸環境下的決策失誤問題，驗證了控制方

法的有效性和準確性。

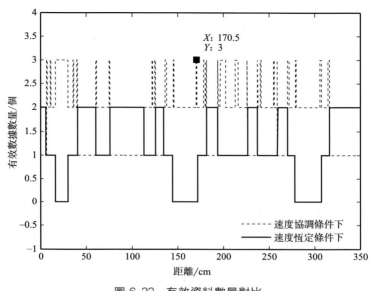

圖 6-22　有效資料數量對比

　　同時，圖中出現採用速度協調控制運動條件下的有效距離採樣資料數量低於勻速運動情況下的有效距離採樣資料數量的情況，其原因是，該情況下機器人的運動速度大於勻速運動條件下的運動速度。結合圖 6-21 和圖 6-22 可驗證上述分析。

　　上述分析表明，採用運動速度與環境顛簸程度相協調的控制方法，可有效提高機器人搜救工作的效率。

第7章
文本問答機器人

7.1　文本問答機器人概述

7.1.1　文本問答機器人的概念與特點

文本問答機器人是一個智慧人機互動系統，使用者以自然語言的形式進行提問，機器人從大量資訊中找出準確的答案。文本問答機器人旨在讓使用者通過自然語言進行詢問並直接獲得答案。例如，使用者詢問「中科院在哪」，文本問答機器人回答「中國科學院位於北京市西城區三裡河路 52 號」。本文所述的文本問答機器人為中文文本問答機器人。

文本問答機器人屬於問答系統，在文本處理領域中的國際文本檢索會議上，文本問答系統是最為人們關心的研究領域之一。

傳統的搜尋引擎是根據關鍵字檢索，返回大量的相關資訊，使用者從系統返回的資訊中查找相關的資訊。而文本問答機器人直接為使用者返回唯一的準確答案，答案更加簡潔，使用者獲取準確資訊的時間成本更低。

文本問答機器人的兩大表現特點為：問答入口是自然語言形式的問句；問答結果是和問句直接相關的一句話或一段話。因此，相比於傳統的搜尋引擎，文本問答機器人具有明顯的優勢：自然語言的提問方式更符合人類的互動習慣；相比於關鍵字，語句包含更完整的資訊，可以更準確地表達使用者意圖；答案精確簡潔，直接針對使用者的問題，具有更高的資訊檢索效率；簡潔的答案形式，使文本問答機器人更適合行動網路應用以及物聯網人機互動設備應用。

7.1.2　文本問答機器人的發展歷程

雖然早在人工智慧剛剛開始研究的時候，人們就提出讓電腦利用自然語言回答人們的問題，學術界與工業界開始構建問答系統的雛形，而直到 1980 年代問答系統一直被局限在特殊領域的專家系統。雖然圖靈實驗告訴人們，如果電腦能夠像人類一樣與人進行對話，就可以認定電腦具備智慧，但由於當時的條件有限，實驗都在受限領域，甚至是固定段落上進行。

近年來，隨著網路和資訊技術的快速發展，尤其是行動網路的普及和物聯網技術的發展，行動網路設備逐漸普及，物聯網時代的各類人機互動設備如雨後春筍般出現，傳統的基於關鍵字檢索的搜尋引擎，難以

滿足使用者在行動聯網設備、物聯網人機互動設備的資訊檢索需求，人們想更快地獲取高品質資訊的願望促進了文本問答機器人技術的研究與發展。許多大的科研院所與知名企業，都積極參與到該領域的研究中。

在國外的問答機器人系統中，主要有麻省理工學院研發的 START 系統、密西根大學研發的 AnswerBus 系統、微軟的 AskMSR 系統、日本的 NTCIR 系統。

相對於國外問答機器人系統的研究進展，中國文本問答機器人系統的研究起步較晚，1970 年之後才著手研究中文文本問答機器人系統。1980 年中科院語言所研究出中國第一個基於漢語的人機對話系統，隨著中國研究文本問答系統的機構愈來愈多，所取得的成就也愈加豐碩，清華大學、復旦大學、北京語言大學等在中文自然語言研究領域取得了較大成果，清華大學研究出了校園導航系統 EasyNay，中科院計算所研發的問答系統可對《紅樓夢》中的人物關係進行解答。

7.1.3　文本問答機器人的分類

文本問答機器人由於應用領域不同，資訊儲存的形式獨具特點，機器人答案來自不同的資料源，文本問答機器人存在多種分類方法。

常見的文本問答機器人的分類方法，包括按領域劃分、按問答形式劃分、按問答語料劃分。

（1）按領域劃分

按領域劃分是指根據文本問答機器人所回答內容的領域進行劃分，分為受限域文本問答機器人、FAQ 文本問答機器人、開放域文本問答機器人。

① 受限域文本問答機器人　是指針對特定領域的文本問答機器人系統，如面向醫療、金融、法律、教育、房地產等特定領域的文本問答機器人，其答案被限定在特定的領域範圍內，基於特定領域的資訊構建機器人的語料庫，而非基於互聯網作為搜索資料源構建機器人的語料庫。因此，受限域文本問答機器人具有明確而相對固定的資料源。

受限域文本問答機器人具有三個特徵。

a. 應用領域固定。受限域文本問答機器人的語料庫資訊來源非網路搜尋的資料源，而是特定領域的資料庫、知識庫，系統對使用者可能提問的問題進行預先設計。由於是預先設計使用者提問問題、受限於固定領域的語料資訊，受限域文本問答機器人的資料源必須是明確的，同時也必須是權威的資料源。

　　b. 系統具備一定的複雜度。受限域問答機器人系統須滿足使用者在特定領域的全部問答，由於使用者問題的複雜性，導致受限域問答機器人系統的複雜性，系統難以採用單一的簡單算法與模型滿足多樣化的使用者問答需求。

　　c. 良好的可用性。受限域文本問答機器人是針對特定的應用領域，使用者具有明確的需求，系統應滿足不同使用者在該領域的特定需求，因而，受限域文本問答機器人須具備良好的可用性。

　　因此，受限域文本問答機器人的系統核心是構建特定領域的問答語料庫，同時，問答語料庫的獲取與表示方法鬚根據行業的不同而不同，構建基於行業領域的知識庫，具有行業特定的具體知識和特殊要求，因而問答語料庫的相對規模較小。

　　② FAQ 文本問答機器人　是一種基於常見問題資料集的智慧問答系統，問題和答案資料的組織關係，以成對的列表方式構成。

　　FAQ 的問題和答案資料集都是已知資訊，由於是構建在已知的資訊基礎上，系統沒有錯誤的資訊，執行效率較高。FAQ 文本問答機器人針對使用者所提問的問題檢索問題集，如果檢索到目標問題，機器人嚮使用者返回與目標問題一一映射的答案資訊。

　　由於 FAQ 文本問答機器人只能回答設計者所預設的問題，因此，FAQ 文本問答機器人的缺點也比較明顯，即常見問題資料集的規模較小，FAQ 文本問答機器人一般應用於受限領域的某個方面，例如政務行業的綜合行政服務大廳常見問題、企業內部 OA 系統的財務報銷問題、銀行 APP 軟體使用方法問題、醫院掛號流程與預約專家的流程等問題。

　　③ 開放域文本問答機器人　相對於受限域文本問答機器人，開放域文本問答機器人是面向多個領域的問答系統，與受限域文本問答機器人相對比，開放域文本問答機器人在資料規模和領域上具有明顯的不同。

　　在資料規模方面，受限域文本問答機器人的語料規模局限在某一個特定的領域，其問答範圍也局限在語料庫所限制的領域範圍；開放域文本問答機器人所使用的語料庫是面向多個領域的，因此，技術難度更大，採用常規的關鍵字檢索技術難以滿足系統需求，針對大規模文本資料的處理，須採用自然語言處理技術進行資料處理。

　　開放域文本問答機器人的核心目標是提供簡捷的跨領域問答互動，使用者通過自然語言進行提問，系統從各種資料源中獲取準確答案。由於開放域文本問答機器人的語料庫不限制領域，使用者的提問也不被限制在特定領域。

　　開放域文本問答機器人系統的典型應用是基於網路資訊的開放域文

本問答機器人系統，使用者通過簡潔的人機互動界面，與機器人進行對話，文本問答機器人通過海量的網路資訊提供簡潔且準確的答案資訊。

（2）按問答形式劃分

文本問答機器人的問答形式也有所不同，按問答形式劃分，文本問答機器人分為聊天機器人、檢索式問答機器人、社區問答機器人。

① 聊天機器人　是模擬人類對話的人機對話系統，以機器人來回答人們提出的各種問題。

聊天機器人的基本原理是基於對話技巧，設計模式匹配方式。聊天機器人的模式匹配模型比較簡單，將使用者所輸入的自然語言問句，以詞為基本單位進行處理，針對使用者的問題查找對應的答案。

由於聊天機器人以詞為單位構建算法模型，系統對使用者問題的處理相對簡單對語義的分析能力不足，對問句的理解能力不夠強，上下文處理的能力較弱。因此，對於使用者的複雜問句或者在問答語料庫範圍較大的情況下，容易出現答非所問的問題。

由於聊天機器人具有上述特點，其適用於處理較為簡單的、規模較小的問題，如某個確切的細分領域的特定使用者群體，或系統的特定環節的簡單高頻問題的人機問答場景。

② 檢索式問答機器人　是搜尋引擎與自然語言處理相結合的一種問答機器人，使用者以自然語言的形式輸入問題，基於使用者的自然語言問句，系統從網路或其文檔庫中進行搜索，將使用者問題相關的文檔、網頁等搜索結果回饋給使用者。

檢索式問答機器人與單純的搜尋引擎不同，系統將使用者所提供的自然語言的問句，通過問句分析、問題理解等處理，分析使用者所提問問題的意圖，對資料源進行檢索。而傳統的搜尋引擎主要是基於關鍵字進行檢索，對使用者問題的意圖和問句缺乏足夠的語義理解。

檢索式問答機器人與搜尋引擎相比，在資訊檢索能力上也存在不足。經過長期的研究與系統迭代升級，國際上和中國優秀的搜尋引擎系統已經具備了相當強大的功能，在面向網路的海量資料進行搜索時，搜索結果的準確率和召回率令使用者較為滿意，其資訊檢索的能力已經超過了聊天機器人的能力。

③ 社區問答機器人　又稱為合作式問答系統，是一種基於互聯網的、開放域問答系統，社區問答機器人的問答語料庫來源於網路使用者，使用者通過自然語言方式的問題進行提問，社區問答機器人通過資訊檢索，在語料庫中檢索最佳答案，回饋給使用者。

社區問答機器人系統具有明顯的社群網路屬性，其最大的特點是，

吸引眾多的網路使用者參與到提出問題與給出答案的過程中來，通過不同使用者群體的互動與合作，構建逐步完善的語料庫。由於這一特點，社區問答機器人的語料貢獻者將各行各業的智慧，在社區問答機器人系統內進行匯集，逐步發展出百度知道、新浪愛問、知乎等大型系統。

社區問答機器人系統豐富的問答語料庫，構成了一個大規模的資料集，為研究自然語言處理、資訊檢索、資訊抽取、機器學習以及大數據提供了新的資源和途徑，如何從這些資料集中探勘出更多有價值、有意義的資訊，是一個充滿挑戰與期待的課題。

（3）按問答語料劃分

問答語料是文本問答機器人系統的重要且不可或缺的組成部分，問答語料庫可以分為結構化資料（如關係資料庫）、半結構化資料、非結構化資料（如網頁）。按照文本問答機器人的問答語料不同，文本問答機器人可分為基於結構化資料庫的文本問答機器人、基於自由文本的文本問答機器人和基於知識庫的文本問答機器人。

① 基於結構化資料庫的文本問答機器人　結構化資料庫也稱為行式資料庫，是由二維表結構來邏輯表達和實現的資料，嚴格地遵循資料格式與長度規範，主要通過關係型資料庫進行儲存和管理。

基於結構化資料庫的文本問答機器人系統，主要特點是系統將使用者的問題作為一個查詢條件，對使用者問題進行分析後，在結構化的資料庫中執行查詢操作，並將查詢的結果作為答案回饋給使用者。

傳統的結構化資料庫查詢，要求嚴格按照查詢條件與特定的格式進行查詢，如果使用者不能夠對結構化資料庫非常了解，傳統的資料庫系統難以執行該使用者的查詢操作，得到準確的查詢結果更難。因此，基於結構化資料庫的文本問答機器人系統的關鍵在於，將使用者的自然語言所描述的問題，進行理解與分析，將自然語言準確、高效地轉化為結構化資料庫查詢語言的形式，繼而對結構化資料庫資料進行查詢。

② 基於自由文本的文本問答機器人　自由文本是原始的、未經處理的非結構化文本，文檔、網頁等都屬於自由文本。

基於自由文本的問答機器人系統，允許使用者以自然語言的方式進行提問，系統通過資訊檢索，從系統的自由文本集合或網路中，檢索與使用者提問相匹配的文檔、網頁資料，然後通過答案抽取，從所檢索出來的文本或網頁中抽取問題的答案並回饋給使用者。

基於自由文本的文本問答機器人能夠回答的問題的答案存在於文檔、網頁等系統中，由於這些自由文本沒有領域的限制，因此，基於自由文本的文本問答機器人多是開放域問答機器人，其中包含面向網路應用的

社區問答機器人等。

③ 基於知識庫的文本問答機器人　知識庫是對資訊進行加工的工具，是用於生產、加工和儲存複雜結構化與非結構化資訊的系統。第一代知識庫系統是專家系統。資訊的處理加工過程，是知識庫的創建與應用過程，知識庫的處理與應用包括資訊加工、處理、儲存、檢索和應用等環節。知識庫的兩大支柱包括 Agent 和本體。

基於知識庫的文本問答機器人使用知識庫回答使用者提出的問題，知識庫是該機器人賴以支撐的重要組成部分。基於知識庫的文本問答機器人可以使用一個或多個知識庫，利用檢索和推理等技術，理解和解決使用者提出的問題。

基於知識庫的文本問答機器人由於使用了經過資訊加工的知識庫，對原始資料進行提煉和升華，故具有較高的準確率。

7.1.4　文本問答機器人的評價指標

文本問答機器人的性能評價，一般採用準確率（precision）和召回率（recall）兩個指標進行評價，準確率和召回率代表著整個系統的綜合性能。

準確率是提取出的正確資訊數量與提取出的資訊總數的比值；召回率是提取出的正確資訊數量與樣本中的資訊總數的比值。

例如，文本問答機器人的答案庫中知識的數量為 A，機器人根據使用者的問題匹配到 m 個知識，其中 m_1 個問題是正確問題，m_2 個問題是錯誤問題，而答案庫中實際有 n 個知識是與使用者問題相匹配的知識，此時，準確率為 m_1/n，召回率為 m_1/A。

7.2　文本問答機器人體系結構

7.2.1　文本問答機器人基本原理

文本問答機器人的功能表現是基於使用者的問題尋找對應答案的過程。文本問答機器人的數學描述為，已知系統的問題集 Q、答案集 A、映射關係 F、問題集的某個元素 q，求解答案集 A 的某個元素 a 的過程。

例如使用者詢問「中科院在哪」，機器人為理解使用者的詢問意圖，首先對使用者的問題進行分析，通過問題分析可知使用者在詢問一個位

置，而且這個位置的單位名稱是「中科院」（全稱「中國科學院」），然後，系統在答案庫中對答案進行抽取，並且只提取答案庫中的地理位置作為候選答案，最終從眾多的候選答案中選擇排序最靠前的資訊「中國科學院位於北京市西城區三裡河路 52 號」作為答案回復給使用者。

因此，文本問答機器人系統由問題分析、資訊檢索和答案抽取三個主要部分組成，如圖 7-1 所示。

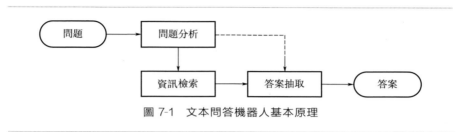

圖 7-1　文本問答機器人基本原理

問題分析是對使用者問題的分解與分析，一般包括詞法分析、句法分析、問題類型判斷、句型判斷、命名實體識別等過程，問題分析的結果為資訊檢索做資料準備，同時也為答案抽取服務。

資訊檢索與搜尋引擎的資訊檢索類似，資訊檢索的目的是根據查詢條件檢索資料庫、知識庫或網頁等資料集，獲取所有可能包含答案的資訊，並根據條件進行初步篩選，召回所匹配的目標資訊。資訊檢索的結果由答案抽取階段進行更進一步的分析處理。

答案抽取是文本問答機器人的核心環節之一，答案抽取的主要目標是在資訊檢索提供的資訊中，抽取出與使用者問題相匹配的資訊，作為機器人的最終答案回饋給使用者。答案抽取的關鍵是對資訊檢索的結果進行分析，並與問題分析階段的分析結果相匹配，獲取資訊檢索結果中所包含的答案。

問題分析、資訊檢索、答案抽取各部分在文本問答機器人系統中的目的與作用、處理對象、關鍵技術、輸出結果等如表 7-1 所示。

表 7-1　問題處理、資訊檢索、答案抽取的關係

項目	問題處理	資訊檢索	答案抽取
目的與作用	問句解析，為後面的處理服務	獲取可能包含答案的文檔或網頁，為答案提取提供處理對象	從資訊檢索獲取的結果中判斷並生成答案
處理對象	使用者所提問的問句	問題處理得到的解析後的資料	檢索得到的並經過初選後的文檔或句子

續表

項目	問題處理	資訊檢索	答案抽取
輸出結果	問句形式化及形式化擴展後的關鍵字序列	檢索得到的並經過初選後的文檔或句子	生成對象問句的答案
關鍵技術	詞法分析、句法分析、問題分類、命名實體識別、句型識別、語義分析、語料庫技術等	布爾檢索技術、向量檢索模型、概念檢索模型、搜尋引擎技術等	命名實體識別、句法分析、相似度計算、語義分析、模式匹配、語句生成等
對整體系統的影響	系統的基礎與核心部分,處理結果影響整體系統的性能	處理結果影響系統的相應速度,召回率影響答案抽取階段資料的數量和品質,進而影響整體系統的準確率	系統的核心與目標,依賴於問題處理和資訊檢索的結果

　　同時,為提升文本問答機器人的資訊檢索效率和準確性,文本問答機器人還包含一個常見問題庫,即 FAQ 庫,將使用者經常問的高頻問題及對應的答案進行提取、分析、儲存。系統獲取使用者的問題後,首先通過 FAQ 庫進行檢索,如果 FAQ 中包含與使用者問題相匹配的問題,系統直接給出對應的答案,而無需經過資訊檢索與答案抽取過程 (圖 7-2)。

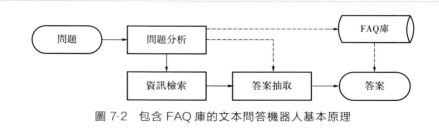

圖 7-2　包含 FAQ 庫的文本問答機器人基本原理

7.2.2　文本問答機器人體系結構

　　文本問答機器人根據其類別不同,系統總體架構會有部分不同,但各類文本問答機器人處理資訊的基本原理相同。文本問答機器人系統的架構不僅影響系統的準確率、召回率等性能指標,還影響系統的安全性、可用性、擴展性等非功能性指標。

　　為保證中文問答機器人系統的完整性,高可用、高可靠等要求,系統架構須滿足以下條件。

　　① 完整性　系統能夠對中文問答機器人系統的各個環節進行完整分析,涵蓋系統的問題分析、資訊檢索、答案抽取等完整環節。

　　② 通用性　系統總體架構能夠適用於不同領域、不同問答形式、不

同資料源的中文問答機器人系統。

　　③ 高可用　系統具備較強的資訊處理能力，充分利用自然語言處理技術，深入分析問句、答案等資料的特有屬性。

　　④ 安全性　符合標準的系統規範，針對不同階段、不同層面提供對應的資料安全與系統安全保障。

　　⑤ 高可靠　系統須滿足長期不間斷運行的需求，並能夠在系統發生錯誤時快速恢復，同時，降低系統部分錯誤對整體系統的影響。

　　⑥ 可擴展　系統能夠滿足技術升級以及系統性能升級的需求，進行技術升級擴展和性能升級擴展，系統處理流程與關鍵技術弱耦合，技術升級與性能升級不需要改變系統架構。

　　文本問答機器人體系結構如圖 7-3 所示。

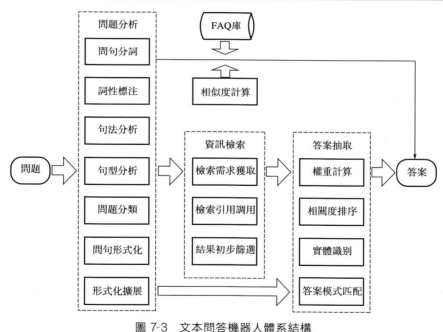

圖 7-3　文本問答機器人體系結構

7.2.3　文本問答機器人問題分析

　　問題分析是文本問答機器人系統的基礎和核心之一，是系統的初始化模組，對使用者提問資訊進行深入分析與理解。問題分析的輸入資訊為使用者提問的原始資料，問題分析部分需要完成問題類型分析、問題

句法結構關係分析、問題關鍵字提取、關鍵字擴展等幾個環節的工作。

（1）詞法分析

詞法分析是將使用者問句轉化為詞序列的過程，詞法分析首先進行分詞，根據構詞規則識別不同的詞語，然後進行詞性標注，對分詞結果中的每一個詞語的詞性進行標注，確定每個詞語是名詞、動詞、形容詞或者其他詞性。

（2）問題分類

中文常用的問題分類包含時間、地點、人物、原因、數字等問題類型，針對不同的問題類型，文本問答機器人可以制定相應的答案抽取規則，確保系統在答案抽取階段根據答案抽取規則獲得問題的答案。同時，問題分類還可根據簡單問題、事實性問題、定義性問題、總結性問題、推理性問題等進行分類。

（3）關鍵字提取

關鍵字提取是從問句中提取有效的關鍵字。關鍵字提取過程中，針對不同的詞性進行關鍵字提取與過濾處理，將對問句意圖影響較小的「啊」「吧」「呢」等詞過濾掉，對影響問句意圖較大的名詞、動詞、形容詞等關鍵字進行提取。

（4）關鍵字擴展

由於中文中存在同義詞、多義詞等情況，因此會出現問題語句和答案語句中的關鍵字是同義詞的問題，進而導致由於關鍵字匹配失敗而丟失包含正確答案的資料的問題。因此，需要系統進行關鍵字擴展。系統進行關鍵字擴展能夠提升問答機器人系統的召回率，但存在降低準確率的風險。

（5）句法結構分析

句法結構分析是分析問句中詞與詞之間的依存關係和邏輯結構關係，通過句法結構分析提取使用者問句的主要構成要素。句法結構分析為資訊檢索和答案提取奠定基礎。

7.2.4　文本問答機器人資訊檢索

資訊檢索是利用問題分析結果中的關鍵字序列，在文檔集合或互聯網網頁中查找符合檢索條件的資訊，如果系統具有 FAQ 庫，系統還要在 FAQ 庫中進行檢索。資訊檢索是系統的中間環節，連接問題分析和答案抽取環節，具有橋梁性的作用。

資訊檢索的輸入資訊為關鍵字序列，即問題分析的結果。資訊檢索的輸出資訊為滿足檢索條件的文檔集、段落集或語句集等答案集。資訊檢索的關鍵是計算檢索條件和檢索結果之間的相關性，根據相關性對確定答案集元素的權重，並對答案集元素進行排序，獲取權重最大的答案集元素，傳送給答案抽取環節進行繼續處理。

資訊檢索需要對被檢索資訊建立索引，確保系統能夠快速找到包含特定關鍵字的答案集元素。同時，在構建索引前，需要對資訊進行無效刪除、去重等預處理。

資訊檢索技術屬於較為傳統的技術，目前已經具有較為成熟的資訊檢索模型，如布爾檢索、向量檢索、概念檢索等檢索模型。

7.2.5　文本問答機器人答案抽取

答案抽取是文本問答機器人的最後一個步驟，是將資訊檢索的結果提煉成最終答案的過程，將最終答案回饋給使用者。答案抽取對問題分析和資訊檢索的輸出結果進行綜合分析，抽取資訊檢索輸出結果中的有用資訊，對問題答案做出結論性輸出。

答案抽取過程中，首先根據問題分析結果中的問題分類結果，基於過濾機制過濾掉無關答案；然後，根據資訊檢索階段的檢索結果，通過段落斷句、去除疑問句、過濾答案句、命名實體識別和排序等操作，獲取答案資訊的所在位置資訊，得到一個包含多個候選答案的答案集合。最後，計算該答案集合中候選答案的權重，權重最大的候選答案即為回饋給使用者的最終答案。

7.3　文本問答機器人關鍵技術

文本問答機器人在問題分析、資訊檢索、答案抽取等階段，不同階段的目標不同，所採用的關鍵技術也有所不同。文本問答機器人的關鍵技術包含中文分詞技術、詞性標注技術、去停用詞技術、特徵提取技術、問題分類技術、答案提取技術等。

7.3.1　中文分詞技術

詞語是構成語句意圖的基本單位，中文與英文的最大區別之一是英文詞與詞之間通過空格進行分隔區別，而中文文本的詞與詞之間是連續

的，因此，中文自然語言處理的第一步是中文分詞。中文分詞的主要作用是將語句中的所有詞語打上與之相對應的標籤。

中文分詞的三個基本問題是分詞規範、歧義切分和未登錄詞的識別。

① 分詞規範　即定義什麼是一個詞語，例如「研究生物學」中包含了「研究」「研究生」「生物」「生物學」多個詞語，根據不同的詞語界定方式可以有多種不同的分詞結果。

② 歧義切分　漢語中經常存在歧義的詞語，如「研究生物學」可以是「研究生/物/學」或者「研究/生物/學」，歧義切分是將有歧義的詞語做出切分判斷。歧義切分一般結合上下文語境，甚至語氣、停頓等。

③ 未登錄詞識別　未登錄詞是指詞表中沒有收錄的詞語或者訓練過程中沒有出現過的詞語。針對新出現的普通詞彙，採用新詞發現技術對未登錄詞進行挖掘發現，經過驗證後添加到詞表中；針對詞表外的專有名詞，採用命名體識別技術，對人名、地名、單位名稱等進行單獨識別。

中文分詞技術的研究時間較長，具有較多成熟的分詞算法，目前，較好的分詞系統分詞的準確率已經超過了 90%。常用的中文分詞方法有基於詞表的分詞方法、基於語義分析的分詞方法、基於統計模型學習的分詞方法和基於深度學習神經網路的分詞方法。

（1）基於詞表的分詞方法

基於詞表的分詞方法是按照一定的策略，將待分析的語句與詞表中的詞條進行匹配，若在詞表中找到與之匹配的詞語，則匹配成功。基於詞表的分詞方法依賴於詞表，是最早開展研究的中文分詞方法。

目前，基於詞表的分詞方法有正向最大匹配法、逆向最大匹配法、雙向掃描法、逐字遍歷法、n-gram 分詞法等方法。

① 正向最大匹配法　與詞表中最長的詞所包含的字符數有關，系統從左向右取待分析語句的 m 個字符作為匹配字段，m 為詞表中最長的詞所包含的字符數，然後將該匹配字段與詞表進行匹配，若匹配成功，則將這個匹配字段作為詞切分出來，若匹配不成功，則將這個匹配字段的最後一個字去掉，將剩下的字符作為新的匹配字段，重複上述匹配過程，直至切分出所有的詞為止。例如，詞表中最長詞包含 4 個漢字，對「研究生物學」進行分詞的過程中，首先將「研究生物」與詞表匹配，若匹配不成功，則將「研究生」與詞表匹配，若匹配成功，則將「物學」與詞表進行匹配，直至全部切分完畢。

② 逆向最大匹配法　是正向最大匹配法的逆向思維，若匹配不成功，系統將匹配字段的前一個字去掉，再進行下一輪匹配。

③ 雙向掃描法　又稱為雙向最大匹配法，將正向最大匹配法和逆向

最大匹配法得到的結果進行比較，進而確定合適的分詞方法。

④ 逐字遍曆法　又稱為逐字匹配法，基於索引樹進行逐字匹配的方法，從索引樹的根節點依次同步匹配待匹配的每一個詞。該方法具有執行效率快的優點，缺點是構建與維護索引樹比較複雜。

⑤ n-gram 分詞法　是一種基於貝葉斯統計的分詞方法。系統首先根據不同的分詞方法進行分詞，此時的分詞結果包含歧義切分和未登錄詞問題，然後構建以詞語為節點、以條件機率為邊的有向無環圖，將分詞問題轉化為求解最佳路徑問題，如圖 7-4 所示。n-gram 分詞法在詞表中，以詞為單位進行統計，統計出每個詞出現的頻率，將所有可能的分詞結果進行統計，計算機率最大的分詞結果。每個分詞結果的聯合機率如式(7-1) 所示。n-gram 分詞法的每個詞的機率都是一個依賴於其前面所有詞語的條件機率，n 取值大於 4 時，會導致資料稀疏問題，一般 2-gram 分詞法為常用分詞法。2-gram 分詞法聯合機率如式(7-2) 所示。

$$p(\omega_1, \omega_2, \cdots, \omega_n) = p(\omega_1)p(\omega_2 | \omega_1)p(\omega_3 | \omega_1\omega_2)\cdots p(\omega_n | \omega_1\omega_2\omega_{n-1})$$
$$(7-1)$$

$$p(\omega_1, \omega_2, \cdots, \omega_n) = \prod_{i=1}^{n} p(\omega_i | \omega_{i-1}) \qquad (7-2)$$

式中，ω_i 是長度為 n 的語句中的第 i 個詞語。

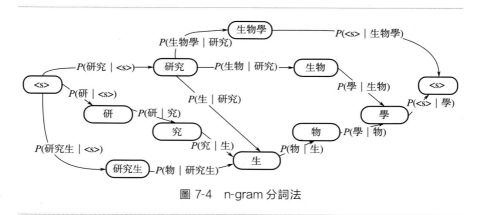

圖 7-4　n-gram 分詞法

由於對詞表的依賴性很大，基於詞表的分詞方法在語義歧義及未登錄詞處理方面的效果較差。

（2）基於語義分析的分詞方法

基於語義分析的分詞方法引入語義分析，對自然語言的語言資訊進行更多處理，進行分詞。常見的有擴充轉移網路法、矩陣約束法等。

① 擴充轉移網路法　該方法以有限狀態機概念為基礎。有限狀態機只能識別正則語言，對有限狀態機作的第一次擴充使其具有遞歸能力，形成遞歸轉移網路（RTN）。在 RTN 中，弧線上的標誌不僅可以是終極符（語言中的單詞）或非終極符（詞類），還可以調用另外的非終極符的子網路（如字或字串的成詞條件）。這樣，電腦在運行某個子網路時，就可以調用另外的子網路，還可以遞歸調用。詞法擴充轉移網路的使用，使分詞處理和語言理解的句法處理階段互動成為可能，並且有效地解決了漢語分詞的歧義。

② 矩陣約束法　先建立一個語法約束矩陣和一個語義約束矩陣，其中元素分別表明具有某詞性的詞和具有另一詞性的詞相鄰是否符合語法規則，屬於某語義類的詞和屬於另一詞義類的詞相鄰是否符合邏輯，機器在切分時以之約束分詞結果。

（3）基於統計模型學習的分詞方法

統計模型學習的分詞方法又稱為無字典分詞方法。詞是穩定的組合，因此在上下文中，相鄰的字同時出現的次數越多，就越有可能構成一個詞。因此字與字相鄰出現的機率或頻率能較好地反映成詞的可信度。統計模型學習的分詞方法對訓練文本中相鄰出現的各個字的組合的頻度進行統計，計算它們之間的互現資訊。互現資訊展現了漢字之間結合關係的緊密程度。當緊密程度高於某一個閾值時，便可以認為此字組可能構成了一個詞。

常用的統計模型有 n 元文法模型（n-gram）、隱馬爾可夫模型（hiden Markov model，HMM）、最大熵模型（ME）、條件隨機場模型（conditional random fields，CRF）等。

實際應用中此類分詞算法一般是將其與基於詞典的分詞方法結合起來，既發揮匹配分詞切分速度快、效率高的特點，又利用了無詞典分詞結合上下文識別生詞、自動消除歧義的優點。

（4）基於深度學習神經網路的分詞方法

該方法是模擬人腦並行，分布處理和建立數值計算模型工作的。它將分詞知識所分散隱式的方法存入神經網路內部，通過自學習和訓練修改內部權值，以達到正確的分詞結果，最後給出神經網路自動分詞結果。

常見的神經網路模型有 LSTM、GRU 等神經網路模型。

7.3.2　詞性標注技術

詞性標注在問題分析模組中的作用是判斷文本中詞的詞性，即判斷

每個詞到底是屬於哪種詞性的詞語。詞語的詞性主要分為以下 5 類：動詞、名詞、副詞、形容詞或其他詞性。在問題分析乃至自然語言處理的研究中，無論是對英文或是中文，詞性標注過程都是必不可少的。正是因為詞性標注的普適性，所以在整個語言性研究中，它都發揮巨大的作用，並在多個領域取得了出色的成績，最突出的領域就是資訊檢索和文本分類兩大領域。

在詞性標注方法中，包含三種流行的算法：

① 基於規則標注算法，該算法本身含有人工標注的規則庫，需要消耗大量的人工代價；

② 基於隨機標注算法，要實現該算法，必須具備大量的資料作為訓練資料集來獲取模型，利用模型來判斷文中某個詞是哪種詞性的可能性，如基於 HMM 的標注算法；

③ 混合型標注算法，該算法綜合了前兩個算法的優點，達到綜合性能的最佳，被廣泛用於自然語言處理中，如 TBL 標注算法。

7.3.3 去停用詞技術

停用詞，通俗理解為「具有虛詞性質的詞」或者是「檢索無效的字」。停用詞的存在往往會影響文本問答機器人的應答速率，並且會嚴重占用實驗機器的儲存空間。因此在檢索問題答案時，為節省儲存空間和提高搜索效率，這些停用詞就會被系統自動「消除」掉，讓它們不會影響系統回答問題的效率。

停用詞不等同於人們常常提到的過濾詞，過濾詞往往都加上了人為的設置，人們對不需要出現的詞彙進行處理，而停用詞並不需要人為干預。

7.3.4 特徵提取技術

特徵提取的作用，是將集中的資料轉變成深度學習方法能夠直接使用的矩陣資料，在這個過程中特徵提取只負責轉變資料形式，其餘的因素都不考慮，無需理解特徵的可用性。進一步的特徵選擇能夠在轉化過來的特徵集中選取有代表性的特徵子集，這些特徵子集可以表示文本的有用資訊。

深度學習的方法不能直接處理原始的文本資料，原始的文本資料必須經過特定處理、轉變，而特徵提取的處理結果，就是生成深度學習方法能夠處理的資料。

　　資料集提供的資料文本都是以文字的形式表示的，若要提取出文字中的資訊就需要將資料文本先經過預處理（分詞處理），通過詞向量的表示方法將分詞後的結果轉變成固定長度的向量，新生成的向量在後期就可以直接被深度學習網路直接識別處理。

　　特徵提取的具體步驟如下。

　　① 根據統計算法統計原始資料集中出現的詞彙，構成初始的詞典向量。新生成的向量中是由原始資料集中的全部詞語構成的，所有的詞語（假設停用詞已去除）都可以在新生成的向量中找到對應的元素。

　　② 所有的文本經過第一步處理之後，都可以用向量來表示。每個文本都可以表示成為自己特有長度的詞典向量，如果文本不同則詞典向量的長度也不同。

　　③ 一般採用 0－1 的表示方法來描述文本，如果某個詞語出現那麼對應的向量元素就表示為 1，若不出現則對應的向量元素表示為 0。

　　因為特徵提取不分析文本中的無用資訊，它是將文本全都轉化為詞典向量，所以其生成的詞典向量的維數較高，不利於直接進行計算。因此，在後期參與計算的特徵向量是經過特徵選擇之後的向量，特徵選擇在這個環節展現出降維的作用，避免了計算中出現維數災難的問題。

7.3.5　問題分類技術

　　問題分類的目的是，當使用者提出問題時，通過先將問題分為不同的類別，然後再深入理解使用者的意圖。問題分類經常被看成如何求解將問題 $x \in X$ 映射到某個類別中的一種映射函數，如式(7-3)：

$$f : X \rightarrow \{y_1, y_2, \cdots, y_n\} \tag{7-3}$$

　　公式(7-3) 表示 f 從問題集合 X 映射到類別集合 Y，y_i 屬於類別集合 Y。

　　在問題分析階段中，問題分類具有兩個作用。一方面是在一定程度上減小答案的候選空間；另一方面是答案的抽取策略由問題的類別所決定，對於不同類別的問題，相對應的答案選擇策略集知識庫也是不同的。

7.3.6　答案提取技術

　　答案提取，即從結構化、半結構化、非結構化等不同結構的資料中進行資訊提取，識別、發現和提取出概念、類型、事實、關係、規則等資訊，構成答案。

　　結構化資訊具有較強的結構性，往往由程式控制自動產生，資訊提

取的對象一般為某些字段所對應的內容；非結構化資訊具有較強的語法，如網頁資訊中的新聞資訊等；半結構化資訊介於兩者之間，其資訊內容是不符合語法的，有一定的格式，但是沒有嚴格的控制。半結構化資訊和非結構化資訊進行答案提取時，也可將其轉化為結構化文本，再進行結構化資訊的答案提取。

7.4　基於互聯網的文本問答機器人的典型應用

電腦資訊和網路技術的不斷發展促使各類在線服務向網路化、智慧化和自動化的方向發展，行動網路與網路電商的快速發展，催生了文本問答機器人在網路電商、行動 App 等管道的應用。文本問答機器人通過網站、App 等管道與使用者進行對話互動，解答來自使用者的問題，不僅減少了企事業單位的服務成本，同時也優化了使用者的體驗。

當前應用較為廣泛的是基於互聯網的文本問答機器人，並且問答效果較好的系統為基於 FAQ 知識庫的受限域文本問答機器人。

7.4.1　基於 FAQ 的受限域文本問答機器人系統結構

基於 FAQ 的受限域文本問答機器人的系統架構，也包含問題分析、資訊檢索、答案抽取模組，而應用於互聯網環境下，為滿足海量使用者互動的需求以及多種互動管道的需求，同時保證機器人系統的高可用、高併發、可擴展以及安全性，系統採用分布式設計，自上而下分為接入層、互動層、服務層和資料層。系統的總體結構如圖 7-5 所示。

接入層是系統的介面對接與資訊分發層，對接網頁、App 等網路管道的介面，然後根據規則將不同的前端資訊發送到應用管理層進行處理。接入層對系統的資訊分發進行優化管理，接入層影響系統的應用管道範圍和可用性。

互動層是系統的應用互動管理系統，將來自接入層的資訊進行分模組管理，包含使用者輸入內容的資訊管理、敏感詞管理、FAQ 知識庫管理、知識審核管理、知識狀態管理、系統的參數與權限管理等。互動層最能展現系統的功能與使用者的互動體驗。

服務層是系統的技術核心，系統的問題分析、資訊檢索、答案抽取對應的引擎在服務層進行管理，包含分詞引擎、詞性標注引擎、問題分

類引擎、資料歸一引擎、資訊檢索引擎、實體識別引擎、結果生成引擎等。服務層影響系統的準確率和召回率，是區分不同系統和決定系統性能指標的關鍵。

圖 7-5　基於 FAQ 的受限域文本問答機器人系統結構圖

資料層是資料儲存相關的服務平臺，包含管理機器人系統的操作系統資料以及文件系統，同時還包含 FAQ 資料庫、系統的詞表資料庫，以及應用系統的基礎資料庫。資料層影響系統的整體性能。

7.4.2　基於 FAQ 的受限域文本問答機器人系統功能

基於 FAQ 的受限域文本問答機器人系統經過長期的實際應用，系統已經具備了良好的整體性能和使用者體驗。除了進行簡單的一問一答，機器人系統還支持場景式問答、指代消解、關聯業務系統等複雜功能和應用場景。

（1）使用者輸入資訊預處理

使用者輸入資訊預處理包含對無效資訊的過濾、使用者輸入資訊歸一化處理，同時，為提升使用者的問答效果和提高系統的準確率，系統

接入層針對使用者所輸入的不完整資訊，根據關鍵字匹配 FAQ 庫中的知識，並在使用者的問題輸入過程中進行實時動態提示，引導使用者採用 FAQ 庫的標準問題進行問答，避免發生因歧義分詞和未登錄詞問題導致的準確率降低問題。

（2）使用者問題識別

使用者問題識別是傳統的文本問答機器人的基本功能，即根據使用者的問題，在 FAQ 庫中匹配與之相對應的知識。使用者問題識別是系統的核心功能，系統根據使用者所發送的最終問題資訊，通過問句分詞、詞性標注、句法分析、句型分析、問題分類、問句形式化、形式化擴展得到規範化的使用者問題；通過問題處理結果得到資訊檢索的條件和需求，調用資訊檢索引擎，從 FAQ 庫中檢索到滿足條件的所有資訊，然後根據問題類型對檢索結果進行初步篩選；根據資訊檢索的結果，系統對經過初步篩選的資訊進行排序處理，將排名第一位的資訊作為最終答案回饋給使用者。

（3）場景式問答

場景式問答式為應對 FAQ 庫數量較大而導致的問答準確率低的問題而設計，場景式問答為使用者在不同上下文條件下，所輸入的問題相同而得到不同的答案的過程。

場景式問答需要在 FAQ 庫中構建不同的問答場景，問答場景的上下文關係以 tree 結構進行關聯。每個問答場景的要素包含入口、流程控制和退出機制。

① 入口　系統通過語句的語義匹配進行入口控制，區分不同對話是普通問答還是場景式問答，入口控制與識別的本質是使用者問題識別的過程。

② 流程控制　即場景內的使用者對話管理，使用者在基於上文的對話後，進入場景問答以後的第一個問題為入口問題，第二個及以後的問題與上文進行語義關聯，如使用者可回答「是的」「沒錯」「上海戶口」等積極問題、消極問題或者明確的問題，也可以回答「還可以吧」「一般般」等模糊化問題。問答機器人根據使用者的上下文關聯意圖，檢索、匹配 FAQ 庫中的樹形知識的不同知識節點。

③ 退出機制　系統根據使用者的上下文語義進行語句的語義匹配，設定了場景問答退出機制。當使用者的下文回復語句同場景中的目標節點知識均不匹配時，即滿足場景退出條件。此時，使用者的該問題再與 FAQ 庫中的其他知識進行檢索、匹配。

（4）相關問題推薦

基於 FAQ 受限域的文本問答機器人系統具有較好的問答後處理能力，系統根據答案生成的過程結果，若權重最大的知識的權重滿足閾值條件，則該知識對應的答案為最終答案，同時，將滿足另外權重閾值條件的知識，根據權重進行知識排序，並進行問題推薦。

相關問題推薦是解決系統解決率低的另一個有效方式。

（5）知識學習

知識學習是一種搜集 FAQ 庫的問題的相似問法或 FAQ 庫不包含資訊的一種方式。知識學習分為兩種方式：分類方式與聚類方式。

分類方式是將每個知識作為一個類，通過計算待學習資訊與已知知識的特徵或屬性之間的關係，進行劃分。聚類方式的目標是使同一類對象的相似度盡可能大，不同類對象之間的相似度盡可能小。目前根據聚類思想的不同，大致可以分為：層次聚類算法、分割聚類算法、基於約束的聚類算法、機器學習中的聚類算法和用於高維度的聚類算法。

7.4.3　基於 FAQ 的受限域文本問答機器人系統特點

基於 FAQ 的受限域文本問答機器人系統可廣泛應用在基於瀏覽器的互聯網領域，由於 WEB 技術的廣泛應用和技術成熟性，基於 FAQ 的受限域文本問答機器人具有高併發、高可用、安全性高、準確率高等優點，同時，由於 FAQ 庫的內容限制，其回答範圍受限。

① 高併發　系統可進行集群化部署和分布式檢索技術，能夠保證海量使用者的同時對話互動。

② 高可用　由於採用分布式結構設計，系統可在前置接入層進行參數優化、網頁端代碼調優、壓縮、緩存、反向代理優化、操作系統文件句柄數優化，使系統能夠支持較高的資訊吞吐率。

③ 安全性高　在網路層面，系統劃定安全區域、部署防火牆系統、部署安全審計系統、漏洞掃描系統和網路病毒監控等系統；系統層面，系統通過主機入侵防範、惡意代碼防範、資源控制等手段和方法，確保系統的安全。

④ 準確率高　系統在中文分詞過程中，根據不同的應用領域採用不同的分詞方法，在應用過程中逐步豐富詞表，在應用過程中採用使用者問題預處理、相關問題推薦等方法，彌補算法模型的局限性，確保系統的高準確率。

⑤ 問答範圍受限　由於 FAQ 庫內的資訊數量範圍受限，系統只能

應用在一個特定的領域或特定的服務場景中，超過此範圍的問題，問答效果一般很差。

7.4.4　基於 FAQ 的受限域文本問答機器人應用領域

由於基於 FAQ 的受限域文本問答機器人系統，在特定領域、特定場景下的問答準確率較高，一般會超過 80%，因此該機器人在針對特定使用者群的特定領域應用廣泛。

目前，基於 FAQ 的受限域文本問答機器人系統已經廣泛應用在政府辦事事項諮詢、醫院掛號流程問答、銀行信用卡常見操作對話、公司內部人力資源與財務制度人機問詢等領域，將大量的重複、高頻問題由機器人替代人工進行回答，不但明顯降低了溝通過程中的人力資源成本，同時提高了相關問題問答的實時性，取得了良好的效果。

參考文獻

［1］ 蔡自興．機器人學[M]．第 3 版．北京：清華大學出版社，2015．

［2］ 王曙光．移動機器人原理與設計[M]．北京：人民郵電出版社，2013．

［3］ 張毅．移動機器人技術及其應用[M]．北京：電子工業出版社，2007．

［4］ 陳黃祥．智慧機器人[M]．北京：化學工業出版社，2012．

［5］ 王耀南．機器人智慧控制工程[M]．北京：科學出版社，2004．

［6］ 朱世強．機器人技術及其應用[M]．杭州：浙江大學出版社，2000．

［7］ 高國富．機器人感測器及其應用[M]．北京：化學工業出版社，2004．

［8］ 郭彤穎．機器人學及其智慧控制[M]．北京：人民郵電出版社，2014．

［9］ 楊汝清．智慧控制工程[M]．上海：上海交通大學出版社，2000．

［10］ 李斌．蛇形機器人的研究及在災難救援中的應用[J]．機器人技術與應用，2003，3：22-26．

［11］ 陳香．救援機器人參與四川雅安地震救援[J]．機器人技術與應用，2013，3：46．

［12］ 劉星．基於視覺感測器的移動機器人崎嶇地面協調控制[D]．哈爾濱：哈爾濱工程大學，2013：24-27．

［13］ 周麗麗，何艷，田曉英，王濤．移動機器人崎嶇地面靜態目標瞄準追蹤系統[J]．自動化技術與應用，2013，32（5）：4-8．

［14］ 顧嘉俊．移動機器人在非平坦地形上的自主導航研究[D]．上海：上海交通大學，2010：117-135．

［15］ 張昕，楊曉冬，郭黎利，張曙．適用於閉域或半閉域空間無線通訊用泄漏電纜研究[J]．哈爾濱工程大學學報，2005，05：672-674．

［16］ ［美］Saeed B. Niku．機器人學導論：分析、控制及應用[M]．第 2 版．孫富春，譯．北京：電子工業出版社，2018．

［17］ 于金霞，蔡自興，鄒小兵，段琢華．非平坦地形下移動機器人航跡推算方法研究[J]．河南理工大學學報，2005，24（3）：210-216．

［18］ 唐鴻儒，宋愛國，章小兵．基於感測器資訊融合的移動機器人自主爬樓梯技術研究[J]．感測技術學報，2005，18（4）：828-833．

［19］ 李天慶．基於多感測器融合的機器人自主爬樓梯研究[D]．合肥：合肥工業大學，2008：44-49．

［20］ 翟旭東，劉榮，洪青峰，渠源．一種關節式履帶移動機器人的爬梯機理分析[J]．機械與電子，2010（1）：62-65．

［21］ 洪炳鎔．室內環境下移動機器人自主充電研究[J]．哈爾濱工業大學學報，2005，37（7）：885-887．

［22］ 王忠民．災難搜救機器人研究現狀與發展趨勢[J]．現代電子技術，2007，17（30）：152-155．

［23］ 趙偉．基於雷射追蹤測量的機器人定位精度提高技術研究[D]．杭州：浙江大學，2013．

［24］ 宗成慶．統計自然語言處理[M]．第 2 版．北京：清華大學出版社，2013．

［25］ 劉金國，王越超，李斌，馬書根．變形機器人傾翻穩定性仿真分析[J]．儀器儀表學

報，2006，18（2）：409-415.

[26] 劉金國，王越超，李斌，馬書根．模組化可變形機器人非同構構型表達與計數[J]．機械工程學報，2006，42（1）：98-105.

[27] 吳友政，趙軍，端湘煜．問答式檢索技術及評測研究綜述[J]．中文資訊學報，2013，19（3）：11-13.

[28] 黃寅飛，鄭方，燕鵬維．校園導航系統 EasyNav 的設計與實現[J]．中文資訊學報，2001，15（4）：35-40.

[29] 王樹西，劉群，白碩．一個人物關係問答系統的專家系統[J]．廣西師範大學學報，2013，21（1）：31-36.

[30] 張江濤，杜永萍．基於語義鏈的檢索在 QA 系統中的應用[J]．電腦科學，2013，40（2）：256-260.

[31] 夏天，樊效忠，劉林等．基於 ALICE 的漢語自然語言介面[J]．北京理工大學學報，2004，24（10）：885-889.

[32] 孟小峰，王珊．中文資料庫自然語言查詢系統 Nchiql 設計與實現[J]．電腦研究與發展，2001，38（9）：1080-1086.

[33] 劉琨．基於人工勢場和蟻群算法的無人船路徑規劃研究[D]．海口：海南大學，2016.

[34] 耿振節．基於改進蟻群算法的撿球機器人多目標路徑規劃研究[D]．蘭州：蘭州理工大學，2015.

[35] 石為人，黃興華，周偉．基於改進人工勢場法的移動機器人路徑規劃[J]．電腦應用，2010，08：2021-2023.

[36] 王勇，朱華，王永勝等．煤礦救災機器人研究現狀及需要重點解決的技術問題[J]．煤礦機械，2007，28（4）：107-109.

[37] Xu J, Guo Z, Lee T H. Design and Implementation of Integral Sliding-mode Control on an Underactuated Two-Wheeled Mobile Robot[J]. IEEE Transactions on Industrial Electronicso, 2014, 61（7）: 3671-3681.

[38] Bruno Siciliano, Oussama Khatib. Springer Handbook of Robotics. Springer Press, 2008.

[39] Luo R C, Lai C C. Multisensor Fusion-based Concurrent Environment Mapping and Moving Object Detection for Intelligent Service Robotics [J]. IEEE Transactions ON Industrial Electronics. 2014, 61（8）: 4043-4051.

[40] Asif M, Khan M J, Cai N. Adaptive Sliding Mode Dynamic Controller with Integrator in the Loop for Nonholonomic Wheeled Mobile Robot Trajectory Tracking [J]. International Journal of Control, 2014, 87（5）: 964-975.

[41] Mao Y, Zhang H. Exponential Stability and Robust H-infinity Control of a Class of Discrete-time Switched Non-linear Systems with Time-varying Delays via T-S Fuzzy Model[J]. International Journal of Systems Science, 2014, 45（5）: 1112-1127.

[42] Blazic S. On Periodic Control Laws for Mobile Robots[J]. IEEE Transactions on Industrial Electronics, 2014, 61（7）: 3660-3670.

[43] Robin. Strategies for Searching and Area with Semi-Autonomous Mobile Robots [C]. Proceedings of Robotics for Challenging Environments, 1996: 15-21.

[44] Ahelong Wang and Hong Gu. A Review of Locomotion Mechanisms of Urban Search and Rescue Robot[J]. Industrial Robot: An International Journal, 2007: 400-411.

[45] Ting Chien, Jr Guo, Kuo Su, Sheng Shiau. Develop a Multiple Interface Based Fire Fighting Robot[C]. Proceedings of International Conference on Mechatronics Kumamoto Japan, 2007: 1-6.

[46] Geert Jan M. Kruijff. Rescue Robots at

Earthquake-Hit Mirandola, Italy: a Field Report [C]. IEEE International Symposium on Safety, Security, and Rescue Robotics, 2012: 1-8.

[47]　Alexander Zelinsky. Field and Service Robotics[M]. Springer Publishing Company, 2012: 79-85.

[48]　Carlos Cardeira, Jose Sada Costa. A Low Cost Mobile Robot for Engineering Education[C]. Industrial Electronics Society, 31st Annual Conference of IEEE, 2005: 2162-2167.

[49]　Josep, Mirats Tur, Carlos Pfeiffer. Mobile Robot Design in Education[J]. IEEE Robotics & Automation Magazine, 2006: 69-75.

[50]　Kohtaro Sabe. Development of Entertainment Robot and Its Future[J]. Symposium on VLSI Circuits Digest of Technical Papers, 2005: 1-5.

[51]　Hebert Paul, Bajracharya Max. Mobile Manipulation and Mobility as Manipulation Design and Algorithms of RoboSimian[J]. Journal of Field Robotics, 2015, 32: 255-274.

[52]　Satzinger. Tractable locomotion planning for RoboSimian[J]. The International Journal of Robotics Research, 2015: 19-25.

[53]　V. Jijkoun, M. Rijke. Retrieving Answers from Frequently Asked Questions Pages on the Web[C]. Proceedings of NIKM, 2005: 76-83.

[54]　Reconfigurations for RoboSimian[C]. ASME 2014 Dynamic Systems and Control Conference, American Society of Mechanical Engineers, 2014: 120-127.

[55]　Satzinger, Bajracharya. More Solutions Means More Problems: Resolving Kinematic Redundancy in Robot Locomotion on Complex Terrain[C]. IEEE International Conference on Intelligent Robots and

Systems, 2014: 4861-4867.

[56]　Robin, Murphy. Marsupial and Shape-shifting Robots for Urban Search and Rescue[C]. IEEE International Conference on intelligent Systems, 2000: 14-17.

[57]　Hitoshi Miyanaka, Norihiko Wada, Tetsushi Kamegawa. Development of an Unit Type Robot「KOHGA2」with Stuck Avoidance Ability [C]. IEEE International Conference on Robotics and Automation, 2007: 3877-3882.

[58]　Folkesson, Christensen. SIFT Based Graphical SLAM on a Packbot [J]. Springer Tracts in Advanced Robotics, 2008, 42: 317-328.

[59]　Cheung, Grocholsky. UAV-UGV Collaboration with a PackBot UGV and Raven SUAV for Pursuit and Tracking of a Dynamic Target [J]. Unmanned Systems Technology X, 2008: 65-72.

[60]　Pavlo Rudakevych. Integration of the Fido Explosives Detector onto the PackBot EOD UGV [J]. ProcSpie, 2007: 61-65.

[61]　Markus Eich, Felix Grimminger, Frank Kirchner. A Versatile Stair-Climbing Robot for Search and Rescue Applications [C]. IEEE International Workshop on Safety, Security and Rescue Robotics, 2008: 35-40.

[62]　Tongying Guo, Peng Liu, Haichen Wang. Design and implementation on PC control interface of robot based on VxWorks operating system[C]. International Conference on Precision Mechanical Instruments and Measurement Technology, 2014: 1109-1112.

[63]　Hesheng Wang, Maokui Jiang, Weidong Chen. Visual Servoing of Robots with Uncalibrated Robot and Camera

Parameters [J]. Mechatronics, 2011: 187-192.

[64] Hesheng Wang, Maokui Jiang, Weidong Chen. Adaptive Visual Servoing with Imperfect Camera and Robot Parameters[C]. International Conference on Intelligent for Sustainable Energy and Environment, 2010: 255-261.

[65] Isabelle Vincent, Qiao Sun. A Combined Reactive and Reinforcement Learning Controller for an Autonomous Tracked Vehicle[J]. Robotics and Autonomous Systems2012（60）: 599-608.

[66] Anastasios, Moutikis. Autonomous Stair Climbing for Tracked Vehicles[J]. The International Journal of Robotics Research, 2007, 60（7）: 737-758.

[67] Matsuno, Tadokoro. Rescue Robots and Systems in Japan[C]. IEEE International Conference on Robotics and Biomimetics, 2005: 12-20.

[68] Murphy, Casper. Mobility and Sensing Demands in USAR [C]. IEEE International Conference on Session And Rescue Engineering, 2000: 138-142.

[69] Scholtz, Antonishek, Young. A Field Study of Two Techniques for Situation Awareness for Robot Navigation in Urban Search and Rescue[C]. IEEE International Workshop on Robot and Human Interactive Communication, 2005: 131-136.

[70] Minghui Wang, Shugen Ma. Motion Planning for a Reconfigurable Robot to Cross an Obstacle[C]. IEEE International Conference on Mechatronics and Automation, 2006: 1291-1296.

[71] Changlong Ye, Shugen Ma, Bin Li. Design and Basic Experiments of a Shape-shifting Mobile Robot for Urban Search

and Rescue[C]. IEEE International Conference on Intelligent Robots and Systems, 2006: 3994-3999.

[72] Minghui Wang, Shugen Ma. Task Planning and Behavior Scheduling for a Reconfigurable Planetary Robot System [C]. IEEE International Conference on Mechatronics and Automation, 2005: 729-734.

[73] Tonglin Liu, Wu, Chengdong, Bin Li. Shape-shifting Robot Path Planning Method Based on Reconfiguration Performance[C]. IEEE International Conference on Intelligent Robots and Systems, 2010: 4578-4583.

[74] Bin Li, Shugen Ma, Tonglin Liu, Minghui Wang. Cooperative Reconfiguration Between Two Specific Configurations for a Shape-shifting Robot. IEEE International Workshop on Safety Security and Rescue Robotics, 2010: 1-6.

[75] Jinguo Liu, Yuechao Wang, Bin Li, Shugen Ma, Jing Wang, Huibin Cao. Transformation Technique Research of the Improved Link-type Shape Shifting Modular Robot [C]. IEEE International Conference on Mechatronics and Automation, 2006: 295-300.

[76] Minghui Wang, Shugen Ma, Bin Li. Reconfiguration of a Group of Weelmanipulator Robots based on MSV and CSM[J]. IEEE Transactions on Mechatronics, 2009, 14（2）: 229-239.

[77] Bin Li, Jing Wang, Jinguo Liu, Yuechao Wang, Shugen Ma. Study on a Novel Link-type Shape Shifting Robot [C]. The Sixth World Congress on Intelligent Control and Automation, 2006: 9012-9016.

[78] Minghui Wang, Shugen Ma, Bin Li. Configuration Analysis for Reconfigurable Modular Planetary Robots Based

on MSV and CSM[C]. IEEE International-al Conference on Intelligent Robots and System, 2006: 3191-3196.

[79] Tonglin Liu, Wu Chengdong, Bin Li, Jinguo Liu. A Path Planning Method for a Shape-shifting Robot[C]. The eighth World Congress on Intelligent Control and Automation, 2010: 96-101.

[80] Abacha A B, Zweigenbaum P. MEANS; A Medical Question-answering System Combining NLP Techniques And Semantic Web Technologies[J]. Information Processing & Management, 2015, 51 (5): 570-594.

[81] Atzori M, Zaniolo C. Expressivity and Accuracy of By-Example Structured Queries on Wikipedia [C]. 2015 IEEE 24th International Conference on Enabling Technologies: Infrastructure for Collaborative Enterprises. IEEE Computer Society, 2015: 239-244.

[82] Yi Fang, Luo Si. Related Entity Finding by Unified Probabilistic Models[J]. World Wide Web-intemet & Web Information Systems, 2015, 18 (3): 521-543.

[83] Zhang S, Wang B, Gareth J. F. ICT-DCU Question Answering Task at NT-CIR-6 [C]. Proceedings of NTCIR-6 Workshop Meeting, Tokyo, Japan: National Institute of Informatics, 2014: 15-18.

[84] Wu LD, Huang XJ, Zhou YQ, et al. 2003. FDUQA on TREC2003 QA task [C]. In the Twelfth Text Retrieval Conference (TREC2003), Maryland: NIST, 2003: 246-253.

[85] Pavlic M, Han 2 D, Jakupovic A. Question Answering with A Conceptual Framework for Knowledge-based System Development a Node of Knowledge[J]. Expert Systems with Applications, 2015, 42 (12): 5264-5286.

[86] Park S, Shim H, Han S, et al. Multi-Source Hybrid Question Answering System[M]. Natural Language Dialog Systems and Intelligent Assistants. Springer International Publishing, 2015: 241-245.

[87] MInock&Michael. Where Are the Killer Applications of Restricted Domain Question Answering[C]. Proceedings of the IJCAI Workshop on Knowledge Reasoning in Question Answering, 2005: 4.

[88] Stutzle T, Hoos H. Max-Min Ant System[J]. Journal of Future Generation Computer Systems, 2000, 16 (9): 889-914.

[89] Ioannidis K, Sirakoulis G Ch, Andreadis I. Cellular ants: a Method to Create Collision Free Trajectories for a Cooperative Robot Team[J]. Robotics and Autonomous Systems, 2011, 59 (2): 113-127.

[90] Chandra Mohan B, Baskaran R. A survey: Ant Colony Optimization Based Recent Research and Implementation on Several Engineering Domain[J]. Expert Systems with Applications, 2012, 39 (4): 4618-4627.

特種機器人技術

作　　著：郭彤穎，張輝，朱林倉 等

發 行 人：黃振庭

出 版 者：崧燁文化事業有限公司

發 行 者：崧燁文化事業有限公司

E-mail：sonbookservice@gmail.com

粉 絲 頁：https://www.facebook.com/
　　　　　sonbookss/

網　　址：https://sonbook.net/

地　　址：台北市中正區重慶南路一段六十一號八
　　　　　樓 815 室

Rm. 815, 8F., No.61, Sec. 1, Chongqing S. Rd.,
Zhongzheng Dist., Taipei City 100, Taiwan

電　　話：(02) 2370-3310

傳　　真：(02) 2388-1990

印　　刷：京峯彩色印刷有限公司（京峰數位）

律師顧問：廣華律師事務所 張珮琦律師

國家圖書館出版品預行編目資料

特種機器人技術 / 郭彤穎，張輝，
朱林倉等著 . -- 第一版 . -- 臺北市：
崧燁文化事業有限公司 , 2022.03
　面；　公分
POD 版
ISBN 978-626-332-112-0(平裝)
1.CST: 機器人
448.992 111001497

電子書購買

臉書

- 版權聲明

本書版權為化學工業出版社所有授權崧博出版事
業有限公司獨家發行電子書及繁體書繁體字版。
若有其他相關權利及授權需求請與本公司聯繫。
未經書面許可，不得複製、發行。

定　　價：480 元

發行日期：2022 年 03 月第一版

◎本書以 POD 印製